祕書力

不當職場花瓶

SECRETARY FORCE

優秀祕書的八堂課，
千頭萬緒的代辦事項，都由我們一肩扛！

蔡賢隆 — 著

祕書不僅是一個「服務」的角色，
更是一個能夠主導、有影響力的角色！

深化人際關係、精準時間管理，展現祕書專業的藝術
結合理論與實戰，讓你成為職場中不可或缺的重要人物

目錄

目錄

目錄

目錄

前言

在現代社會中，只要有主管和組織的地方，就少不了這樣一種職業——祕書。有人認為祕書不過是主管身邊的「花瓶」，她們的工作不過是發發檔案、接接電話而已，是吃「青春飯」的。實際上，這種看法是錯誤的。

現代祕書的角色已經發生了根本的轉變，如今的祕書已經不是傳統意義上負責抄抄寫寫、端茶倒水的小人物，而是被賦予更多的職能：主管的左右手、溝通的橋梁、公司的門面……

在歐美國家，祕書意味著是一種職業。大公司裡很難看到年輕的女祕書，大多數祕書的年齡都在四十歲以上，她們像一個公司裡的大嫂，把一切都安排得井井有條。訪問期間的日程表精確到分鐘，從起床、早餐、集合、到達、會見，訪問者就像被關在一座鐘裡，不知不覺中便順著這個安排好的計畫走到最後結果。要知道，這一切都操縱在祕書手中。總裁或是高階部門的祕書職位，大都是一些四十多歲、有教養、有經驗的職業女性在支撐，她們的特殊地位，足以令部門經理和公司其他員工尊而敬之。除了一般的文字、外語、電腦技能之外，她們的溝通、協調、預見和判斷力都必須很強，在公司頂層能站住腳，需要付出極大的努力。需要注意的是，這些女性也是從「青春飯」開始，一步步走上來的。

所以說，祕書並不是一個吃青春飯的職業，而是一份使人受益終生的事業。

有許多著名企業的高階管理人員，就是從祕書做起，一步步發展和完善自我，最後取得事業的輝煌。比如，美國惠普公司前執行長卡莉．費奧莉娜就是從祕書工作開始其職業生涯的；還有中國著名的女強人吳士宏，她在IBM工作的最早的日子裡，也只是一名祕書。

現實工作需要祕書既成為主管的好幫手，又要為主管出謀劃策；既要懂得維繫人際關係，又要善於解決各種複雜的人際矛盾；既是辦事的頂尖高手，能將各種棘手的事情處理得圓滿，又能在不越權的情況下把握好辦事的分寸；既能掌握精湛的辦公技能，又具有扎實的文字能力，擁有生花妙筆……

為什麼面對一樣的工作機會，一樣的發展平台，有的祕書在很短的時間內平步青雲，成為老闆眼前的紅人，進入團隊的領導層；而有的祕書雖然付出很多，卻依然得不到主管的青睞，甚至還淪為公司裁員的對象？

顯然，如何做一個好祕書，這裡面的學問可謂博大精深，既包括處世的哲學，又包括為人的技巧，還包括知識、能力的內容；這門學問深奧、晦澀，既難以把握，又至關重要。它是一位有進取心的祕書做好工作、處理好關係的必修課，是一位渴望晉升的祕書不能不掌握的人生玄機。
本書將給你全面的、系統的指導和幫助！本書是當代祕書走向成功的指南，是優秀祕書獲取高薪和地位的必備書。

第一章　形象管理，好祕書要有好形象

形象美是心靈美的外在表現，心靈美是一種內在的美、本質的美。形象對祕書來講，也是至關重要的。祕書人員的外在形象美主要是儀表美、氣質美，祕書應該保持一個較為完美的外觀形象，傳遞給大眾良好的喜愛的感覺。

打造祕書的黃金形象

優秀的祕書首先應從形象著手。穿著打扮是祕書建立最佳形象的關鍵因素之一，一個祕書擁有較好的氣質與形象，離不開個人的文化素養與修養，更重要的是祕書還應有精明能幹的辦事作風，並掌握與工作密切相關的專業知識和技能。這樣，你就打造出了作為祕書的黃金形象。

某公司辦公室祕書小沈能講一口流利的法語，也很喜歡打扮。公司明天要與法國一家公司談判，古總經理叮囑擔任翻譯工作的祕書小沈要好好準備。小沈除了在文件、資料方面做了準備，還花了一番心思進行打扮。

正式會談這天，只見坐在古總經理一旁的小沈衣著光鮮，濃妝豔抹，金耳環、大顆寶石鑽戒閃閃發光，這使得古總身上那套價值萬元的名牌西裝也黯然失色。

古總經理和法國公司的代表在接待室內寒暄時，祕書小沈拿來了托盤準備茶水，只見她花枝招展，一對大耳環晃來晃去，五顏六色的手鐲碰桌有聲，高跟鞋叮噹作響，她從茶葉桶中拈了一小撮茶葉放入杯中……這一切引起了古總經理和客人的不良反應。客人面帶不悅之色，把自己的茶杯推得遠遠的，古總經理也覺得非常尷尬。談判中討價還價時，古總一時激動，雙方爭執起來，小沈站在古總一邊，指責客人，客人拂袖而去。古總忘著客人遠去的背影，衝著小沈罵：「託妳的福，好端端一筆生意，讓妳給毀掉了！」

小沈愣愣的站在那裡，她並不知道自己有什麼過錯，還為自己辯解說：「我，我怎麼啦？客人是你自己得罪的，與我有什麼關係？」祕書的工作場合和工作性質，決定了其專業形象的特點是：整潔、端莊、成熟、能幹。塑造職業形象，除了內心修練外，外形的精心安排也很重要，我們通常把這種外形的改變稱之為形象塑造，這是因為外形的直覺效果會直接影響人的判斷。

（一）髮型設計規範

頭髮好了，感覺也會好，好心情從頭開始。美的髮型對一個人的形象來說，比化妝和服飾更為重要。化妝可以洗掉，服飾可以改變，但髮型一旦處理不好，有可能就需要花很長時間才能讓它再長到一定的長度，而在這段等待的日子裡，你完全會因為不滿意自己的髮型而使自己的心情很糟。任何一種髮型都可以是最時尚的，但是它如果與你本人不合，只怕總會感到「什麼地方怪怪的」。圓臉或四方臉，鵝蛋臉或尖臉——不同的臉型也決定哪一款髮型適合你，當然還是要看你自己屬於哪種氣質傾向：古典風格、浪漫風格還是運動休閒風格。

一般說來，祕書的髮型應以自然、輕鬆、垂蕩、不誇張為主。臉型長的女性不適合用中分，可用中短髮和外翻式。如果是長髮，則可以用大波浪，或將兩邊的頭髮扭轉向後束起，或者盤成髮髻，但髮髻只適合在腦後，如果放在頭頂會太顯眼。圓臉的女性不宜用三七分，可用中分式的齊耳和齊肩的中長直髮，不留瀏海。方臉的女性，短髮可選用帶高位側分和斜長瀏海型，長髮則採用中分的清湯掛麵式垂下，這樣做可遮掩過於鮮明的方形輪廓。瓜子臉型的女性比較適合各類髮型，如側剪成羽狀的短髮；又如單側的蓬鬆之髮束起在耳邊，也會使瓜子臉型顯得俏麗好看。

(二) 眼睛

俗話說：「眼睛是心靈的窗戶。」一雙清晰、明亮、傳神的眼睛是祕書整體型象的關鍵。東方女性的眼睛類型主要為單眼皮的鳳眼和雙眼皮的杏眼，前者需要線條的修飾，後者需要顏色的強調。要達到清晰明亮的效果，用色不能多，線條不能濃，可以用單色眼影替眼睛營造一種氣氛和一種感覺，如與膚色相協調的淺棕色就相當自然大方。眼線可用黑色或深咖啡色，以自然描畫為主，勾勒時不能誇張，否則會適得其反。眼睫毛可選用清爽型睫毛液，使睫毛稍稍上翹和濃密，使眼神更精彩，但千萬不要用睫毛夾翻捲睫毛或者用假睫毛，因為這會十分做作，不真實。

(三) 鼻子

鼻子在五官中產生立體的作用。理想的鼻型可以影響你整張臉的感覺。又直又高又挺的鼻子給人正直、西化的感覺；而鼻梁挺直、鼻頭調皮的高翹著又給人活潑、可愛的感覺；而像古希臘人似的鼻子會給人古典又秀氣的感覺。塑造鼻形，主要靠鼻側陰影的營造，陰影色選用咖啡色最為理想，而鼻部皮膚的好壞又會直接影響到整個化妝面容的乾淨和漂亮。解決鼻部容易出油和清潔鼻部毛孔的問題是首要問題，否則給人不潔之感。

(四) 嘴唇

嘴唇在臉部的地位僅次於眼睛，也是人們視覺的重點，並且很有個性。嘴形象設計的基礎是擁有一張健康的唇，沒有乾裂、脫皮的現象，平時注意護理，用局部蒸氣法來清潔之後再擦上唇油。嘴唇是比較平面的，根據其他五官大小比例來確定唇的大小、厚薄。唇型豐厚、唇峰分開給人大方而穩重的感覺；麗薄而小的唇型，給人精明、幹練的感覺；唇角上翹、唇峰圓潤則給人親切、柔和的感覺。唇的修飾在於口紅的描畫，最好選用粉紅色系列和咖啡紅系列的色系。利用唇筆進行描圓，則會有色澤飽滿、滋潤的唇妝。

（五）眉毛

眉毛的引人注目是因為它與眼睛是一體的，如果少了眉毛的幫襯與配合，眼中的神采也就難以飛揚，這就是眉飛色舞的道理。眉型設計應根據你自己的眉型和臉型以及五官搭配來決定，各種眉型表現出的表情語言是不同的：彎彎的柳葉眉是傳統古典的表現；粗粗的分型眉是豪爽能幹的象徵；眉細而眉毛高翹的桃眉，給人時尚豔麗的感覺；平和的一字眉，則有少女的清純秀氣。眉的修飾在於自然，修去一些雜毛，顯出完整眉型後，可用深咖啡和黑色進行描畫，增加眉的立體感和層次感。當然，原本就是濃眉大眼的，只要眼睛有神，不一定非得把眉毛修得像臥蠶似的，太有人工修剪痕跡的眉，會破了面相。祕書最適合的眉型，是不過分彎曲的平眉，因為它會有大方、清秀、端莊的效果。

祕書的著裝有所講究

祕書穿什麼樣的衣服上班，這是一個很重要的問題，因為它不僅關係著祕書的形象，也影響

第一章　形象管理，好祕書要有好形象

祕書的著裝有所講究

著祕書的工作。

美國的一個考察團來到某中型企業考察投資事宜。為了確保考察順利進行，使外商樂於投資，公司主管高度重視，親自挑選了本公司最亮麗的三位女祕書負責接待工作。主管特別叮囑她們，對方是外國人，著裝要考慮他們的國情，以示對外商的重視。幾位祕書連忙商量穿什麼衣服，最後一致決定統一著裝，穿緊身上衣、黑色皮裙、黑色皮靴……

考察團到來之後，三位女祕書非常熱情，倒茶遞水，殷勤有加，笑容可掬。但不知什麼原因，還沒有會談，外商就找藉口匆匆走了，而且是一去不復返。後來透過與考察團比較熟悉的一個人了解到，美國考察團認為，這是個工作以及管理制度極不嚴謹的公司，完全沒有合作的必要。他們特別強調，這種印象在一進公司，透過接待人員的著裝就感覺出來了。

原來，三位女祕書在著裝上犯了大忌。根據著裝禮儀的要求，工作場合女性穿著過緊、過薄的服裝是對工作極度不嚴謹的表現；黑色皮裙則更不適合職業女性穿著。

在商務活動中，祕書讓人留下什麼印象不是自己個人的事，它關係到公司的形象和利益。不同的場合對祕書的形象有不同的要求，祕書應該根據不同的場合隨時調整自己的形象，使自己適合相應的角色和身分。張曉芬是今年剛畢業的大學生，她是鄉下長大的孩子，家裡經濟不富裕，所以整個大學生活，她都很用功讀書。因為成績突出，她順利應徵到一家公司當上總經理助理。曉芬很樸素，人很實在，做事不偷懶，文字能力也不錯，交給她的文案，她都能品質保證的完成。總經理對她的工作能力和工作表現都很滿意，在同事中的口碑也不錯。美中不足的就是有點

「土」，不會打扮。張曉芬不以為然，她認為那是樸實，是她的本色。其實仔細看看張曉芬長得還是不錯的，同事們戲稱她為「璞玉」。

有一次，總經理受邀出席一家外商企業的年會，為了要讓助理見見世面，總經理要求張曉芬第二天下午陪同他一起前往，並特地囑咐讓她好好打扮一下，特別准許她明天上午可以晚一點進公司。張曉芬嘴裡答應著，心想打扮什麼，穿著整齊乾淨就行了。

第二天一早，張曉芬照常準時上班，仍舊穿著她那一身不怎麼漂亮的套裝，洗得倒挺乾淨的，臉上也沒化妝。要說與平常有什麼不同的話，就是換了一雙新皮鞋。同事們一見她的樣子就說：「妳這就叫『打扮』？這樣肯定不行的，妳快回去換件漂亮的衣服，化化妝吧。」張曉芬聽了之後只是笑笑，任憑同事們怎麼說，就是不為所動，繼續做她的工作。

上午九點半，總經理來到公司，見到她這個樣子，馬上不高興了，很嚴肅的批評張曉芬：「人應該樸實，但也要講究場合。妳是我的助理，代表的也是公司的形象，所以把自己的外表打理得乾淨漂亮去出席公務活動，也是妳的工作內容之一。」說完，馬上把公司裡公認的穿著打扮最有品味、最時髦的王祕書叫過來，交給她一個任務，就是陪張曉芬去打扮，並特別批准費用從公司的治裝費裡出，一定要保證在中午吃飯前完成任務，小王欣然領命。接下來王祕書帶張曉芬去購物中心挑衣服，去美容院化妝和美髮。經過一番專業的包裝，最後出現在大家面前的張曉芬完全像換了一個人，既端莊又大方，總經理很滿意。同事小張嘴快的說：「我們的『璞玉』雕琢成一個美人了。」

聽到大家對自己新形象的讚賞，曉芬自己感覺也非常不錯，心想總經理說得對，以後我得多學習學習這方面的知識了。曉芬作為總經理助理，誠如總經理所說的那樣，她代表的是公司的形象。出席外商企業的年會，要跟很多商務人士打交道，不適當的裝扮會為公司帶來負面影響，降低公司的美譽度。再者，一個專業祕書把自己打扮得得體漂亮，有助於在職業生活中樹立良好的形象，自己的心情也會很舒暢。因此，祕書應該學習一些化妝和著裝方面的知識和技巧。

一、要注意外在形象的穿著

大多數主管對自己的形象是很注重的，他們對自己祕書的穿著也有一定的要求。沒有一個主管會希望自己的祕書是一個蓬頭垢面，形象齷齪的人。因此，優秀祕書，必須講究自己的穿著打扮，穿衣不可太隨便。

（一）要注意衣服的質料，不能太廉價。

（二）要合體，不能太牽強。

（三）要體現工作特點，不能花俏，也不能太沒品味。

二、保持大眾化

優秀祕書穿著要有質感，但又要大眾化。大多數時裝都是很美的，它們是現代物質文明進步的表現。但是，祕書不能趕時髦，也不能把自己弄得太招搖，尤其是女祕書不能弄得自己渾身珠光寶氣。

保持大眾化是祕書工作本身的要求。祕書大部分時間是與主管打交道。一般來說，主管的年齡偏高，他們在服裝觀念上的更新不如年輕人快。所以，祕書在穿著上注意大眾化，在形象上更易獲得主管的心理認同。

評價一個人長得美還是長得醜，都是相對的，因為客觀上沒有統一的標準，每個人都有自己的主觀審美意識。但是，美有一項原則，那就是必須合乎自然，如果過分打扮，顯得鶴立雞群，這與祕書工作的屬性不相符合。因此，大眾化的打扮能顯得更加自然。

祕書的衣著打扮不僅要與自己的體型、性格相稱，而且要與工作環境所需要的氣氛相協調。

三、切忌標新立異

在穿著打扮上，優秀祕書還要注意不能標新立異。祕書可以穿一些時興的衣服，但不能顯得很特別，穿得太顯眼，讓人覺得與工作所需要的寧靜氣氛不協調。尤其是在政府機關，這是祕書穿著的大忌。

在公司裡，有專門符合科室工作的統一制服，祕書最好穿制服。女祕書可再略微化妝。

許多女祕書喜歡穿各種時下流行的服裝上班，這樣雖能給她們的嫵媚增添了一種現代的瀟灑，但是，必須適可而止。

四、保持清潔與健康

對於一個優秀祕書來說，在穿著上，必須注意清潔衛生，保持健康外形。祕書要勤洗澡，勤換衣服，保養好自己的皮膚和頭髮。

要保持健康，優秀祕書平時要注意以下四點：

（一）不偏食，營養適中。這是健康的基礎。

（二）經常鍛鍊。這是健康的保證。

（三）工作和休閒維持平衡。這是健康的保持方式。

（四）精神愉快。這是保持健康最有效、最重要的方面。

五、不要戴首飾

女祕書最好不要戴首飾。因為像耳環、戒指、手鐲這類東西太顯眼，在接待客人時，容易分散客人的注意力，與會見客人所需要的寧靜氣氛不和諧。

另外，在為客人送茶時，客人聽到祕書的手鐲叮噹的響，肯定會感受不好。全身戴滿首飾更顯得不莊重。

六、要注意「配套」

一般人在打扮時，往往把注意力集中在上半身，特別是把注意力集中在臉上，但是忽視全身打扮的「配套」。

比如，一些女祕書對今天該穿什麼樣的外套，眉毛描得如何，可能會很講究，但對於該穿什麼樣的鞋襪，則可能顯得漫不經心。

根據對一些交際觀察的結果，在引起別人的注意之後，人家首先觀察的是對方的臉，緊接下來就是對方的腳。所以，祕書不能忽視全身衣著的「配套」作用。

假如一位祕書的化妝濃淡適宜，衣服也挺合身，但鞋襪很隨便，這同樣會讓大家感到不得體。

在過去，只有雨天才穿長靴，而且進屋後要把長靴脫下來放在門口。現在，冬天喜歡穿長筒靴上班的人越來越多，似乎已成了一種時髦。作為祕書，最好不要穿長靴上班，而穿那些鞋跟不太高的輕便鞋。特別是對於女性來說，鞋跟又高又細的話，容易扭傷腳，這方面更要小心注意。

還有一點要注意的是，不論男女祕書，都不要穿拖鞋上班。

祕書的化妝要得體適度

一家機械製造公司最近來了一個祕書叫李小蘭，她在工作方面沒有什麼問題，也非常勤快，可在形象上，就是給人不太得體的感覺。有一天，李小蘭氣喘吁吁的從外面辦事回到公司，滿頭大汗。她忘了擦汗，就像個小男生一樣開始打電話給客戶。同事見她頭髮沾在眼角邊，便說：「小蘭，看妳出了那麼多汗，去補個妝吧。」「沒什麼的。」小蘭有些不在意，繼續埋頭工作。

過了不久，李小蘭又將一副新面孔展現給公司的同事，她臉上的粉擦得那麼厚，整個人像是戲台上的媒婆，差點嚇了同事一跳。

可能是性格的緣故，李小蘭對自己的外在形象是不怎麼太在意，或者即使在意也處理不當，這也許是她的一大缺點。

作為祕書，能夠為你的上司或者同事營造一種賞心悅目的印象是非常重要的。而如何對自己的裝扮作出適當的選擇，需要下功夫講究，得體適度的化妝，既是自尊自信的表現，又體現了對他人的尊重。

一、化妝濃淡要適宜

作為祕書，化妝的濃淡要視時間、場合而定。工作的時間，一般以化淡妝為宜。如果白天也濃妝豔抹，香氣四溢，難免讓人印象欠佳。但在夜晚的休閒時間，不論濃妝還是淡抹，都是相當適宜的。化妝的濃淡還應當考慮到場合問題。祕書們在節假日大多是要化妝的，但是在外出旅遊或參加遊樂活動時，最好不要化濃妝。

二、化妝要注意場合

一般情況下，祕書不要在公共場所化妝。但有些祕書對自己的裝飾和形象十分在意，不論是在什麼時候，一旦有了空閒，就抓緊時機補妝。殊不知在眾目睽睽之下修飾面容是沒有教養的行為，是十分失禮的，既有礙於人，也不尊重自己。如真有必要化妝或補妝，一定要到洗手間去或化妝間完成，切莫當眾化妝。

三、不要評論他人的妝容

由於民族、膚色的差異，每個人的妝容都不盡相同。因此，不要非議他人的妝容，更不要以為自己的妝容才是最好的。對外賓的妝容不要指指點點，也不要與外賓切磋化妝技巧。有的祕書強人所難和熱情過了頭，以打扮別人為一大樂事，主動為人家化妝、改妝或修飾，會讓他人感到非常的為難。

四、不要借用他人的化妝品祕書平時不要去借用他人的化妝品，因為這既不衛生又不禮貌。除非有時可能忘了帶化妝包，卻偏偏需要化妝，在這種情況下，在他人自願為你提供方便的前提下，才可以借用他人的化妝品。

五、替皮膚做好基礎的保養

眾所周知，任何化妝品都有一定成分的化學物質，這些化學物質對皮膚多少都會有不良的刺激。臉部的皮膚是很嬌嫩的，任何不科學的外部刺激都會使它受到不同程度的損傷。所以職業女性還應該懂得一些基本皮膚護理知識，替皮膚做好基礎保養。

職業女性在上班前淡淡的化一下妝，不僅為生活增添光彩，而且能使自己更充滿活力和信心。當然化妝的效果要與辦公室的工作環境相稱，呈現理智明快的印象。辦公室的女性，要求儀容大方得體，衣著打扮、妝容髮型，無論色彩還是式樣，都不應顯得過於活躍，應與性格、修養、氣質和工作環境互相統一。另外，女士最好不要使用大量濃香型的香水和香粉，把自己弄得香氣四溢，這樣會讓人在電梯和會議室等通風不良的地方感到難受、憋氣。

作為祕書，臉部化妝不僅要突出臉部五官最美的部分，使其更加美麗，還要掩蓋或矯正有缺陷或不足的部分。

一、圓形臉

對於圓形臉，胭脂的塗抹可從顴骨起塗至下巴。上嘴唇可用唇膏塗成淺淺的弓形。可用暗色調粉底，沿額頭靠近髮際處起向下窄窄的塗抹，至顴骨部下可加寬塗抹的面積，造成臉部亮度自顴骨以下逐步集中於鼻子、嘴唇、下巴附近部位。眉毛可修成自然的弧形，可做少許彎曲。

二、橢圓形臉

對於橢圓形臉，化妝時宜注意保持其自然形狀。胭脂應塗在頰部顴骨的最高處，然後向上向外揉化開去。唇膏應盡量按自然唇形塗抹，眉毛可順著眼睛的輪廓修成弧形，眉頭應以內眼角為齊，眉尾可稍長於外眼角。

三、方形臉

胭脂的塗抹宜與眼部平行，不要塗在顴骨最突出處。可用暗色調粉底在顴骨最寬處造成陰影。下顎部宜用大面積的暗色調粉底製造陰影，從而改變臉部輪廓。唇膏可塗豐滿一些，增加柔和感。眉毛宜修得稍寬一些，眉形可稍帶彎曲，不宜有角。

四、長形臉

胭脂的塗抹應注意離鼻子稍遠些，從而可以在視覺上拉寬臉部。塗抹時，可沿顴骨的最高處與太陽穴下方所構成的曲線部位，向外、向上抹開。雙頰下陷或者額部窄小者，應在雙頰和額部塗以淺色調的粉底，造成光影，使之看起來豐滿一些。在修正眉毛時應令其成弧形。

五、倒三角形臉

胭脂的塗抹應在顴骨最突出處，而後向上、向外揉開。可用較深色調的粉底塗在過寬的額頭兩側，而用較淺的粉底塗抹在兩腮及下巴處，造成掩飾上部、突出下部的效果。宜用稍亮些的唇膏來加強柔和感，唇形宜稍寬厚些。眉毛應順著眼部輪廓修成自然的眉形，眉尾不可上翹，描畫時從眉心到眉尾宜由深漸淺。

六、三角形臉

胭脂的塗抹可由外眼角處起始，向下抹塗，令臉部上半部分稍作拉寬。可用較深色調的粉底在兩腮部位塗抹、掩飾。眉毛宜保持自然狀態，不可太平直或太彎曲。

好祕書的舉止要優雅

舉止是一個人自身修養在生活和行為方面的反映，是映現一個人內涵的一面鏡子。沒有優雅的舉止，就沒有優雅的風度。作為祕書，優雅的舉止、高雅的談吐等內在涵養的表現，會讓人留下更為良好而深刻的印象。

一、站姿要有風度，要得體

在生活中，由於每個人的生活環境、個人習慣、職業特點的不同，久而久之，形成了各自的站立姿態。祕書的站姿要有風度，要得體。

為此，祕書應克服下列一些不良的站立行為：

（一）頭部不正，出現習慣性的前伸、側歪。

（二）缺少脊椎至頭頂的上伸懸項感，身體顯得鬆散下墜，形成凹胸弓背撅臀。

（三）胸部未能自然的向前上方挺起，造成身體不夠舒展。

（四）脊椎側歪，造成一肩高、一肩低，或身體左右傾斜。

（五）肩部緊張，形成端肩縮脖。

（六）重心落在腳跟上，形成了挺腹。

（七）站立時，習慣性的雙手叉腰，雙臂抱在胸前，兩手插入褲袋或身體倚靠其他物體。

這樣不僅站立姿勢不美，也是不能持久、穩固站立的主要原因。

這些形態看上去都是不美的，影響祕書的舉止風度。

二、坐姿要端莊大方

走路、站立的姿勢，對一個祕書來說很重要。然而，坐的姿勢也不容忽視。祕書坐姿的要求是端莊大方。

在落座時，首先要注意自己的身高與桌子和椅子的配合是否協調。要保持脊椎正直姿勢的習慣，讓自己的精神始終保持振作。

在坐、立時，祕書應注意：

（一）坐時注意不要把椅面坐滿，但也不要為了表示謙虛，故意坐在椅子邊緣上。

①　正確坐勢的深淺。應根據腿的長短和椅子的高矮來決定，一般應坐滿椅面的三分之二。
②　最適當的位置。是兩腿著地，膝蓋成直角。
③　與人交談時。身子要適當前傾，不要一坐下來就全身靠在椅背上，顯得體態鬆弛。
④　坐沙發時。因座位較低，要注意兩隻腳擺放的姿勢。雙腳側放或稍加疊放較為合適。不要一直前伸，要控制住自己的身體，否則身子下滑形成斜身躺埋在沙發裡，顯得懶散。更不宜把頭仰到沙發背後去，把小腹挺起來。

（二）入座時，要走到座位前再轉身，轉身後右腳向後退半步，然後輕穩的坐下。就座時，男祕書不可蹺起二郎腿，女祕書不可將雙腿叉開。入坐時，不可以將大腿併攏，小腿分開，或雙手放在臀下，腿腳不停的抖動，腳尖相對，女士足尖翹起，或把襯裙露出，易招人議論。這是最不雅觀和缺乏教養的坐姿，有失風度。因此，當剛坐下時就要注意先把雙腳的腳跟合攏。

女子入座時，若穿裙裝，應把裙子下擺稍稍向前收攏一下，坐定後再起來整理衣服。起立時，右腳先向後收半步，然後站起。

（三）坐下後，背部要挺直，不要像駱駝一樣，彎胸曲背。

①　椅子如有雙邊扶手時，不要把雙手平放在椅子的扶手上，好像老太婆般安詳的坐著，顯出老氣橫秋的樣子。

②在與人交談時，不要將腳跨在椅子或沙發扶手上或架在茶几上。女祕書不能以手掌支撐著下巴。

③忌不拘小節。

坐在辦公桌或椅背上與人交談，以為只有這樣才能與人拉近距離，其實這會毀掉你溫文爾雅的風度。

坐在椅子上與左或右方客人談話時，不要只扭頭，這時可以側坐，上半部的身體與腿同時協調的轉向客人一側。

（四）端坐時間過長，會使人感覺疲勞，這時可變換為左側坐或右側坐。

無論是哪一種坐法，都應嫻雅自如，達到尊重賓客的目的，讓賓客有美的視覺感覺。

（五）正確的坐姿。

正確的坐姿對坐的要求是「坐如鐘」，即坐相要像鐘那樣端正。除此還要注意坐姿的嫻雅自如。

坐姿的基本要領：身體自然坐直，兩腿自然彎曲。正放或側放。雙腳平落地上併攏或交疊，雙膝自然收攏。臀部坐在椅面的中央，兩手分別放在膝上（女士雙手疊放在左或右膝上），雙目平視，下巴微收，面帶微笑。

三、**走姿要瀟脫**

有些祕書不重視步態美，或者由於先天性生理不足，後天性的不良習慣造成不良走姿，而且又不肯下決心矯正，任其自然，逐漸形成了一些醜陋的步態。這往往影響祕書的外在形象。有的祕書走路，總是搖頭晃肩、左右擺動，讓人留下一種輕浮的印象；有的人彎腰駝背、低頭無神、步履蹣跚，讓人有一種壓抑、疲倦、老態龍鍾的感覺；還有的人搖著八字腳、晃著「鴨子」步，這些步態都十分難看，與祕書身分不相符合。

祕書走姿的基本要領是：

（一）行走時雙肩平穩，目光平視，下巴微收，面帶微笑。

（二）手臂伸直放鬆，手指自然彎曲。擺動時，以肩關節為軸，上臂帶動前臂，雙臂前後自然擺動，擺幅以三十至三十五度為宜。肘關節略彎曲，前臂不要向上甩動。

（三）身體微前傾，提髖屈大腿帶動小腿向前邁。腳尖略抬，腳跟先接觸地面，依靠後腿將身體重心推送到前腳腳掌，使身體前移。

（四）步幅適當。

一般應該是前腳的腳跟與後腿的腳尖相距為一腳掌長；行走速度，一般男祕書每分鐘一百零八至一百一十步；女祕書每分鐘一百一十八至一百二十步。

男祕書著西裝的走姿，在儀態舉止方面要體現出挺拔、優雅的風度，要注意保持後背平正。

①男祕書在行走時不要晃肩。

②要輕快，敏捷，讓人留下精明能幹的印象。

女祕書在行走時，髖部不要左右擺動。

①穿高跟皮鞋，應注意保持身體的平衡。

由於腳跟的提高，身體的重心前移，應避免膝關節前屈、臀部向後撅的不雅姿態。

②行走時步幅不宜過大。

不強調腳跟到腳掌的推送過程，要走柳葉步，即兩腳跟前後踩在一條直線上，腳尖略外開，走出來的腳印，像柳葉一樣。

③穿長裙行走時要平穩，步伐可稍大一些。

轉動時，要注意頭和身體協調配合，注意調整頭、胸、髖三軸的角度，強調整體造型美。

④穿著短裙，要表現出輕盈、敏捷、活潑、灑脫的風度。

短裙指裙長至膝蓋以上的裙子。行走時，女祕書步幅不宜太大，腳步的頻率可稍快些，保持活潑靈巧的風格。

四、蹲姿要優雅

女祕書在公共場所拿取低處的物品，或拾起落在地上的東西時，不妨使用下蹲和屈膝動作，可以避免彎下身和翹臀部：特別是穿裙子時，如不注意背後的上衣自然上提，露出臀部皮膚和內衣很不雅觀。即使穿著長褲，兩腿展開平衡下蹲，撅起臀部的姿態也不美觀。

掌握同事之間相處的禮儀

同事間的相處是一種學問。與同事相處，太遠了當然不好，人家會認為你不合群、孤僻、不易往來；太近了也不好，容易讓別人說閒話，而且也容易令上司誤解，認定你是在搞小圈子。與同事相處得如何，直接關係到自己的工作、事業的進步與發展。

小紅是今年剛畢業的大學生，經過幾輪的筆試和面試，可說是「過五關斬六將」，終於以較好的成績如願的被一家規模頗大的企業錄取，做了櫃台祕書。

年輕漂亮的小紅意氣風發，剛進入職場就想好好表現，希望能得到公司的認可。到單位上班後，整天笑容滿面，禮貌熱情，搶著接待客人，對公司的其他部門的同事也是噓寒問暖，大家都誇獎她伶俐能幹。

可她發現櫃台的其他四個同事對她很冷淡。其中，趙姐的資格最老，已經來公司三年了，另三位來的時間也不短了。小紅在上班過程中明顯的感覺到趙姐對她的敵意很深，問她什麼事都愛答不理的，而另三位同事唯趙姐馬首是瞻，對小紅也是冷冷淡淡。剛開始，小紅沒有太在意，心想我做好自己的工作就行了。但後來發現這很困難，因為她們櫃台接待的客人很多，工作頭緒又多，她雖然受過培訓，但畢竟初來乍到，還有很多業務不是很熟，公司的各方面情況還不是很清楚，需要同事們的指點和幫助，同時，櫃台工作的性質本來就需要大家的配合和協助。

認知到這一點，小紅開始反省自己，是不是自己哪些方面做得不好，使得同事討厭自己。她決心改變做法，讓同事喜歡自己。所以，接下來的日子，小紅經常為同事們買飲料、買便當、跑腿，什麼樣的雜事都搶著做，天天趙姐長趙姐短，虛心向趙姐她們學習。人力資源部經理過來問她：「工作怎麼樣？和同事們處得怎麼樣？」小紅也當著趙姐她們的面回答說：「經理不用擔心，趙姐她們經驗豐富，經常教我很多東西，也經常幫助我把工作做好。」經理滿意的走了。慢慢的，小紅發現趙姐她們對待她的態度變了，不再那麼冷淡了。小紅堅持不懈，終於有一天，趙姐對她說：「小紅，今天跟我們一起吃飯吧。這一段時間妳也辛苦了，以後我們一起好好相處，把工作做好。」小紅欣慰的笑了。

小紅的問題是剛進公司，還摸不清狀況就急於表現自己的能力，急於表現自己的出類拔萃，不注意與自己部門的同事打好關係，打成一片。這樣，就使得部門其他同事很難接受她，使她的工作陷入被動。因此，祕書在到職後，應該先熟悉組織內部、外部的人際環境，再決定自己應該採取怎樣的姿態去投入工作。這樣，才容易融入群體，站穩腳跟。所以，作為祕書，掌握同事之間相處的禮儀是很重要的。

一、互相尊重

相互尊重是處理好任何一種人際關係的基礎，同事關係也不例外，同事關係不同於親友關係，它不是以親情為紐帶的社會關係，親友之間一時的失禮，可以用親情來彌補，而同事之間的關係是以工作為紐帶的，一旦失禮，創傷難以癒合。所以，處理好同事之間的關係，最重要的是尊重對方。

二、有好事要通報

公司裡發物品、領獎金等，你先知道了，或者已經領了，不要一聲不響的坐在那裡，應該向大家通報一下，有些東西可以代領的，也應幫人領一下。這樣幾次下來，別人就會對你有了更好的印象，覺得你有共同意識和協作精神。以後他們有事先知道了，或有東西先領了，也就會告訴你。

三、熱情的幫同事傳話

同事出差去了，或者臨時出去一會兒，這時正好有人來找他，或者正好來電話找他，如果同事走時沒告訴你，但你知道，你不妨告訴他們；如果你確實不知，那不妨問問別人，然後再告訴對方，以顯示自己的熱情。明明知道，而你卻直接的說不知道，一旦被人知曉，那彼此的關係就勢必會受到影響。外人找同事，不管情況如何，你都要真誠和熱情，這樣，即使沒有產生實際作用，外人也會覺得你們的同事關係很好。

四、主動幫忙

同事的困難，通常首先會選擇親友幫助，但作為同事，應主動關心。對力所能及的事應盡力幫忙，這樣，會增進雙方之間的感情，使關係更加融洽。

五、外出要互相告知

你有事要外出一會兒，或者請假不上班，雖然批准請假的是主管，但你最好要和辦公室裡的同事說一聲。即使你臨時出去半個小時，也要與同事打個招呼。這樣，倘若主管或熟人來找，也可以讓同事有個交代。互相告知，既是共同工作的需要，也是聯絡感情的需要，它表明雙方互有的尊重與信任。

六、接受同事的小吃

同事帶點水果、瓜子、糖之類的零食到辦公室，休息時分吃，你就不要推，不要以為難為情而一概拒絕。人家熱情分送，你卻每每冷漠拒絕，時間一長，就會有理由說你清高和傲慢，覺得你難以相處。

七、對每一個人都保持平衡

同辦公室有好幾個人，你對每一個人要盡量保持平衡，盡量始終處於不即不離的狀態，也就是說，不要對其中某一個特別親近或特別疏遠。在平時，不要老是和同一個人說悄悄話，進進出出也不要總是和同一個人。否則，你們兩個也許親近了，但疏遠的可能更多。

握手的禮儀

李大強是某大學行政管理科系的學生。畢業之後，本想大展宏圖去應徵經理，但是天意弄人，在屢次失敗之後，無心插柳柳成蔭，他的一份求職祕書工作的簡歷發出後，經過兩次面試，他居然成了某家公司的祕書。當他前來報到的時候，幾個漂亮的女祕書圍著他轉了幾圈，都開心的說：

「我們這些紅花終於有綠葉來陪襯了，以後有什麼辛苦累人的工作不用求別的部門了。」李大強也憨厚的說：「沒有問題，只要各位美女有需要，我自當全力以赴。」從此以後，他每天忙東忙西，做收發倒也做得很開心快樂。

試用期過後，他被派往為公司的公關部美女經理張經理擔任祕書。第一天去報到的時候，為了表示尊敬，他主動伸出手來，張經理愣了一下，隨即接握。但是，微笑的後面，隱隱流露出一絲不滿。後來，有幾次張經理帶他外出辦事的時候，他也很真誠的向對方伸出手去。回來之後，張經理找他說：「你們大學時候學過禮儀嗎？」「學過，不過沒有什麼用，也都忘記了。」李大強滿不在乎的說。「你說錯了，」張經理雖然是笑著說，但是李大強卻感受到一種威嚴和不滿，「禮儀的本質是尊重人，這也是良好人際關係的基礎，尤其是在公共關係之中。比如說，當你和女士見面的時候，你先伸手就屬於失禮；我們拜訪客戶的時候，我們先伸手也屬於不妥。這些雖然屬於細節問題，但是卻往往影響到別人對你的印象。所以，你回去之後，還真應該學學公關禮儀知識。」張經理雖然寥寥幾句話，卻是擲地有聲。李大強回去之後，看了很多關於禮儀方面的書籍和影片，從此之後在工作之中也多加注意，很快就獲得了張經理的稱讚。李大強也由衷的說：「張經理，非常感謝您，如果不是您的提醒，我讓別人留下了壞印象自己都不知道呢。」

三年後，張經理被升職為公司副總經理，李大強成為公關部經理。回望自己的成功，李大強知道，作為祕書來說，公關禮儀非常重要，那是良好人際關係的基礎。

握手是祕書在工作中不可缺少的禮節。握手的力量、姿勢與時間的長短往往能夠表達出不同禮遇與態度，顯露自己的個性，讓人留下不同的印象，也可透過握手了解對方的個性，從而贏得交際的主動。因此，在日常交際中，祕書必須要注意握手的基本禮節。

一、握手的次序。

被介紹之後，最好不要立即主動伸手。年輕者、職務低者被介紹給年長者、職務高者時，應根據年長者、職務高者的反應行事，當年長者、職務高者用點頭致意代替握手時，年輕者、職務低者也應隨之點頭致意。和女性握手，男士一般不要先伸手。軍人戴軍帽與對方握手時，應先行舉手禮，然後再握手。

二、握手的力度。

握手時的力度要適度。如果手指輕輕一碰，剛剛觸及就離開，或是懶懶的慢慢的相握，缺少應有的力度，會讓人有一種勉強應付、不尊重的感覺。一般來說，手握得緊是表示熱情，男人之間可以握得較緊，甚至另一隻手也可以加上，包括對方的手大幅度上下擺動，或者在手相握時，左手又握住對方胳膊、小臂甚至肩膀，以表示熱烈。但是注意既不能握得太使勁，使人感到疼痛，也不能顯得過於柔弱。對女性或陌生人，重握是很不禮貌的，尤其是男性與女性握手。

三、握手的時間。

要緊握雙方的手，時間一般以一至三秒為宜。通常是握緊後打過招呼即鬆開。在親密朋友相遇時，或衷心感謝難以表達等場合，握手時間就長一點，甚至可以緊握不放。在公共場合，如列隊迎接外賓，握手的時間一般較短。握手的時間應根據與對方的親密程度而定。切記在任何情況拒絕對方主動要求握手的舉動都是無禮的，但手上有水或不乾淨時，應謝絕握手，同時必須解釋並致歉。

祕書必知的接待禮儀

今天是星期一，上午來公司的客人特別多，一波接著一波，櫃台祕書們忙得不可開交。終於到了中午吃飯時間，資格最老的祕書李姐俐落的做了一下工作安排：今天中午祕書小王值班，其他同事去員工餐廳吃飯休息。

小王打包便當回來，想著趕緊吃完飯，上午人那麼多，真是累死了，自己也得休息一下。正在她低頭吃飯的時候，聽見輕輕敲桌子的聲音。小王抬頭一看，一個五十歲左右的中年人，穿著一件普通的夾克外套，夾著一個黑色的公事包，正在敲櫃台的桌子。小王就有點不高興，心想，這人真沒禮貌，沒看見我在吃飯嗎？敲什麼敲！所以屁股也沒抬，面無表情的問：「請問你有什麼事？」來者說：「對不起，耽誤你吃飯了。請問張總經理在嗎？我想見他。」小王說：「現在中午休息時間，你有預約嗎？」來者回答說：「之前沒來得及。」小王心想，看他的樣子，說不定是來推銷東西的，就說：「我們總經理不在，請你下次預約再來吧。」那人說：「你打電話問問，說不定他現在回來了。」小王露出不耐煩的神色說：「不在就是不在，請回吧。」來者說：「怎麼這樣呢？那我只好回去了。」

這位客人走後，中午再沒客人來，小王吃完飯後，舒舒服服的小睡了一會兒。

下午一點正式上班後，櫃台祕書們又開始忙碌起來。大約下午一點半左右，總經理祕書張麗打電話到櫃台，詢問中午是否來了一位客人，他是總經理非常重要的客人，現在人在哪裡？李姐叫小王接電話，因為中午是她值班。小王告訴張麗麗說，中午是來過一個客人，但她忘記問是從哪裡來的了，因辦公室沒提前打招呼，她也不知道來者是總經理的重要客人，覺得那個客人像是推銷東西的，又沒預約，所以就讓他回去了。張麗麗說：「那可麻煩了，今天下午一家公司的總經理祕書打電話過來詢問他們總經理到了沒有，說他們總經理是到這邊開會，順便過來找我們總經理再談談兩邊合作專案的事情，所以他們總經理沒讓祕書提前打招呼，說自己過來就行了。現在人走了，這怎麼向總經理交代？」小王一聽也傻了眼。

過了幾天，小王被停職去參加培訓，因為公司認為她要學的東西還很多。

企業在對外往來中，接待人員的舉止儀表對創造良好的企業形象至關重要，因為他們通常是外界接觸和了解企業的窗口，直接影響外界對整個公司的第一印象。接待來訪客人是祕書經常要做的工作，祕書需要斟酌對來客的接待禮儀每一個細膩過程。

一、應立即招呼來訪客人。祕書應該認知到大部分來訪客人對公司來說都是重要的，要表示出熱情友好和願意提供服務的態度。如果你正在打字應立即停止，即使是在打電話也要對來客點頭示意，但不一定要起立迎接，也不必與來客握手。

二、主動熱情問候客人。打招呼時，應輕輕點頭並面帶微笑。如果是已經認識的客人，稱呼要顯得比較親切。

三、陌生的客人光臨時，務必問清楚其姓名及公司或單位名稱。通常可問：請問貴姓？請問您是哪家公司？

四、鄭重接過對方的名片。接名片時必須用雙手以示尊重，接過來後不可不屑一顧，隨手亂放，也不可拿在手中折疊玩弄。接名片時要確認一下名片上所列對方姓名、公司名稱等。如見到不易拼讀的姓名，不要隨便亂念，必須詢問對方。

五、有客人未預約來訪時，不要直接回答主管在或不在。而要告訴對方：「我去看看他是否在。」同時婉轉的詢問對方來意：「請問您找他有什麼事？」如果對方沒有通報姓名則必須問明，盡量從客人的回答中，充分判斷能否讓他與主管見面。

六、判斷來客的身分與種類，以便決定是否引見，何者優先等等。要事先了解主管是願意隨時接待任何來客，還是喜歡視情況而定。一般可以將來客分為幾個種類：客戶；工作上的夥伴，搭檔；家屬，親戚；私人朋友；其他。在沒有預約的情況下，通常可按照以上順序來決定何者為先。同時，如果來客非常重要，就不要私自擋駕。

七、謝絕會晤時要說明理由，並表示歉意。但不要在沒取得主管的同意以前就確認你另定的約會時間，最好告訴來客：「我能否回電話給您再確認約會時間？」但如果是前來無理取鬧，脅迫主管的來客，則應斷然擋駕。

八、未經主管同意，不要輕易引見來客。即使是事先有預約的來客光臨，也要先通報主管（用電話聯繫或親自前去報告），等候指示。倘若沒有預約，即使是你認為主管肯定會接見的客人，也不可擅自引見。

九、如主管不在或一時聯絡不上，應該向重要來客說明原因，表示將主動聯絡或協助安排另一約會時間。如果對方表示同意，應向對方探詢其通訊方式以及聯絡時間。

十、讓來客等候時要注意照料並表示歉意。如果你手頭一時放不下，或主管一時無法接待來客，你必須主動招呼客人，以免使其感覺受到冷落。如果客人要提前來訪，請其等候為合情合理。請對方在適當的位置坐下，接待室平常要準備些報紙雜誌，最好備有介紹本公司的機構、歷史、宗旨和服務範圍等資料的宣傳品，供來訪客人閱讀。客人就座的位置應與你的座位保持一段距離，這樣，在你離座時，使對方不會看到你辦公桌上的文件。

十一、帶路時走在客人前方兩三步遠的位置，靠邊引導。帶路時要邊留意客人的步伐，邊引導。可說：「請往這邊走。」走到拐彎處時要暫停，以手指示方向，並向客人說：「請這邊走。」在乘坐電梯時要讓客人先上先下。按下電鈕後示意客人先進先出：「請上電梯」、「請下電梯」，開門關門時留意手不要交叉或背著手開門。手把在右側的門用左手開，在左側的用右手開，這樣姿勢會更優美。若是向內開的門。則應你先進，用手按住門，等客人進來後再鬆開門。鬆開門之前應說：「請進。」

十二、初次與主管見面的來客，你要代為介紹。一般應該先把來客介紹給主管，但有時如果來客的身分較高，則最好先向來客介紹主管。引見後除非主管要你留下，否則做完介紹之後即應退出主管的辦公室。

十三、招待飲料。招待外國客人時，最好主隨客便。因為許多西方人不愛喝某種飲料，或對飲料的配兌有某種習慣愛好，所以準備飲料時，要禮貌的先問客人要喝什麼。諸如：「您喝咖啡還是喝茶?」，「您喜歡咖啡如何泡法?」

十四、主管正在會客時，若有事聯絡或請示，須用遞紙條的方式。可將事項寫在便條上，進入辦公室後，先向客人道歉：「對不起，打擾了。」

十五、客人離去時，別忘了鄭重道別。即使你再忙，也別忘了最後的道別，稱呼對方的名字將留下好的印象，所以記住來訪者的臉型與姓名是很重要的。

十六、製作來訪登記卡。在每天上班時要查看當天約見的來訪者名單。必要時應事先將約見的有關資料準備好，製成寫有姓名、職位、公司、訪問日期、求見人等的卡片。

接聽電話的禮儀和技巧

作為祕書，打電話、接電話、轉電話、傳電話是每天必不可少的工作。然而，這些看似不起眼的「小」事情，裡面卻有著大學問。做得好，可以提升祕書的個人魅力和公司形象；做得不好，則有可能敗壞公司聲譽，甚至造成損失。因此，祕書能不能掌握最基本的電話禮儀，就是一件大事情了。

下午快下班時，銷售部的馬經理決定辦公室的人員明天上午都直接到公司的各個銷售點去檢查銷售情況，第二天下午三點回到辦公室交流情況，只留下任祕書第二天在辦公室值班，並告訴他有事情的話電話聯繫。

任祕書第二天早早上了班，做好上班的準備。九點以後，任祕書正在登錄一個銷售方案，電話響了起來。任祕書在電話響第三聲之前迅速用左手拿起電話，因為是內線電話，她接起電話後說：「你好，銷售部辦公室，我是任影彤。」右手順勢拿出電話紀錄本和筆準備做紀錄。電話是公關部的小張打來的，要找王強詢問一下，上次某家公司的事情處理得怎麼樣了。任祕書回答說：「王強今天上午去銷售點檢查去了，今天下午三點回公司，你那時再打過來吧。」對方說：「那好吧，謝謝。」任祕書說：「別客氣，再見。」把這次電話的資訊記錄在電話紀錄本上。

任祕書剛寫完，電話鈴又響了，這次是外線電話。任祕書迅速拿起電話說：「你好！這裡是××公司銷售部辦公室。」對方說：「你好！我是××公司的，有個事情要麻煩你。」任祕書說：「沒關係，請講。」對方說：「我們公司想購買你們公司的電腦，請報一下價格。」任祕書邊聽邊記錄。等對方說完後，她回答說：「我們公司的電腦產品有很多種型號，價格也不一樣，不知您需要哪一種型號呢？」對方說：「我們都想知道一下，然後做個比較。」任祕書說：「那，對不起，可否問一下你們公司打算買多少台電腦，之所以這樣問，是因為公司有規定，買的數量多，有優惠。」對方說：「如果品質好，價位合適的話，打算買二十台左右。」任祕書說：「您看這樣好嗎？現在我們經理和銷售人員正巧都不在，您先留下聯絡方式，下午再跟您聯絡好嗎？」對方說：「可以。」任祕書接著問：「那請問您貴姓？您的聯絡方式？」然後邊記錄邊重複對方的話，記錄完後又跟對方確認了一下才說再見。

任祕書正在想，要不要打個電話給經理告訴他這件事的時候，電話鈴又響了，任祕書又及時的接起電話問候對方。原來是一個客戶詢問如果電腦超過保固期，請你們公司幫忙維修的話，費用是多少錢。任祕書聽完後回答說：「很抱歉，這個問題我回答不了您。不過，我可以告訴您維修部的電話號碼，您可否向他們打電話詢問一下呢？」聽到對方說可以，任祕書接著說：「那您請稍等。」然後放下電話，拿出通訊錄，查找維修部辦公室的電話，找到後，拿起電話說：「對不起，讓您久等了，維修部的電話是××××××××，再見。」

放下電話後，任祕書自言自語的說：「今天上午的電話怎麼這麼多啊？」話音未落，桌上的內線電話響了起來，幾乎同時的，外線電話也響了起來。任祕書清了清嗓子，先拿起內線電話，問候後，得知是總經理辦公室張祕書打來的，就請她稍等，說她先接一下外線電話。然後迅速拿起外線電話說：「對不起，讓您久等了。」對方說是從外地打來的電話，要諮詢一下關於筆記型電腦的一些相關問題。任祕書一聽，判斷這個電話在短時間內不會結束，就跟對方說：「對不起，請稍等一下，有另一個電話在等候，我處理一下。」然後問張祕書有什麼事情需要幫忙，張祕書說：「請告知馬經理的手機號碼，我正在修改通訊錄。」任祕書馬上流利的說出馬經理的手機號碼。跟張祕書通完話後，任祕書及時與外線的客戶說：「對不起，讓您久等了，現在您可以說了。」接下來就認真回答這個客戶的問題，並做了相關的紀錄。

就這樣，一上午，任祕書接了很多個電話。

上面案例中的任祕書熟練的運用了接聽電話的技巧，恰當的處理了工作中接聽的電話，為個人和公司樹立的良好形象。可見，祕書懂得使用電話的禮儀是十分必要的。

一、接聽一部電話的禮儀

祕書在接電話時要注意以下幾點：

（一）及時接聽電話。從接電話一方來說，電話鈴一響，宜在一到兩聲之後立即拿起話筒，原則上不超過三聲。

如果不能立即接，接通後要向對方說明原因，或道歉，如：「對不起，讓您久等了」。以避免對方產生誤以為你不在或是不願接聽電話的念頭。

（二）接起電話先問好。接起電話先要道聲「你好」，然後報出自己的姓名或公司名稱，再問對方找誰。而不要拿起電話就問：「你是誰？」、「你找誰？」這樣就顯得沒禮貌了。

（三）保持禮貌。在接聽電話過程中，一定要保持禮貌。堅持用「您好」開頭，「請」字在其中，「謝謝」、「不客氣」結尾，嗓音要清晰，音量要適中，語速要恰當，透過聲音在對方心裡樹立良好的形象，從而對你所在的企業也會有良好的看法。

即使對方撥錯了電話，也禮貌對待打錯電活的人，要告訴對方你的號碼是什麼，讓對方核對，請對方重新撥一次，千萬不要責怪對方。

（四）請求對方等候時間要短。通話中，如需要查找相關資料，可以告知對方稍等，但中斷不應超過兩分鐘，否則可以請對方先把電話掛斷，適時重撥。

時間在電話禮儀中的掌握是十分重要的，因為雙方無法面對面交流，僅僅從言談中獲取一些資訊。而時間在談話中的作用是十分明顯的，一個不合時宜的停頓有可能與一筆生意擦肩而過，所以在對於時間的把握上是十分必要的。

（五）正確對待電話中斷。電話中斷時，應由發話人立即重撥一次，向對方說聲對不起，並解釋客觀原因，避免對方會有別的想法。而受話人不宜去做其他的事，應該稍等片刻。一般情況下，對方會在很短時間內重撥過來，離開是不妥的。

（六）要呼應對方。在通話時要不時發出「嗯」、「是」、「好的」之類的話，表示你正在認真的聆聽，明白對方的意思並會及時給予適當的回饋。尤其是在做紀錄時，每隔十多秒鐘要作一個呼應語氣，表示你在認真聽電話內容，否則對方會懷疑你是否在聽，或者電話是否可以正常通話。

（七）迴避不是自己的電話。在為別人叫電話時，可以有意迴避一下，待對方通話一段時間再去。

（八）不要要求對方轉接。除非絕對必要，不要在接電話時要求通話對象轉接。將對方的電話轉來轉去，讓對方感到你不認真、不負責。

二、同時接聽多部電話的禮儀

如果在同一時間有兩部或兩部以上的電話打進來。這時，祕書人員要學會恰當處理。

一般的處理方式是：

（一）請正在通話的一方稍等。通話過程中，另外的電話鈴聲響起後，要向對方如實說明情況，告知又有電話打進來請其稍等，詢問對方是否介意自己去接另一個電話，同意後再接。

（二）根據情形靈活處理第二個電話。祕書接聽第二個電話後要迅速了解其內容，根據輕重緩急程度決定電話處理的優先順序。

如果第二個電話不是特別急，則告訴對方已有電話打進來，待處理完後再予以回電，然後將第二個電話掛斷，接著處理第一個電話。

如果第二個電話非常緊急或重要，不允許耽誤，則需要優先處理，將第一個電話掛斷。

（三）向先掛斷的電話一方致歉。不管哪種情形，都要先掛斷一個電話。待處理完一個電話後再打另一個電話，並在接通後首先向對方解釋和致歉。

（四）同時處理兩個電話時的禁忌。不能同時接聽兩個電話，不能拿起兩部電話輪流交替接聽，也不能對另一部電話不理不睬；在兩部電話接通期間，要注意保密，不能將與一方通話的重要內容洩露給另一方。

在工作中保持微笑

笑是眼、眉、嘴和顏面動作的集合，是一種令人感覺愉快的臉部表情，它是最美好的形象。在千變萬化的臉部表情中，微笑是最美的，它可以縮短人與人之間的心理距離，為深入溝通與互動創造和諧的氛圍。在人們越來越渴望得到他人尊重的今天，微笑成為人際交往中不可缺少的禮節。因此，祕書在工作與生活中，若想營造良好的交際氛圍，獲得良好的人際關係，就要盡量的把真誠友好的微笑奉獻給他人。

李雪是一家商務飯店集團公司人事部門的祕書。上班短短半年，她就獲得了主管的認可，並且成為了公司有名的「微笑天使」。不僅如此，她所接待的客人和員工投訴處理滿意度也是該飯店最高的。在為員工培訓微笑一項的時候，她還專門被培訓部經理借調到培訓部做「微笑模特兒」，因為她的微笑真誠可愛，大方有禮。培訓課程完畢之後，所有的學員圍攏在她身邊向她取經——為什麼半年來她在面對上司、同事和客戶的時候都能夠一直保持微笑？難道她沒有不開心的時候嗎？她笑著回答大家說：「因為我有一個『篩檢程序』。當我上班的時候，我把在家所有的不快樂都過濾到家裡；當我下班的時候，我把工作上所有的不快樂都留在了公司。所以我永遠都是陽光明媚的。而作為飯店工作人員，微笑是最好的語言。」

微笑是笑中最美的。對陌生人微笑，表示和藹可親；產生誤解時微笑，表示胸懷大度；在窘迫時微笑，有助於沖淡緊張氣氛和尷尬的境地。微笑是一種健康文明的舉止，一張甜蜜微笑的臉，會讓人愉快和舒適，帶給人們熱情、快樂、溫馨、和諧、理解和滿足。微笑展示人的氣度和樂觀精神，烘托人的形象和風度之美。

一、微笑的方式

微笑的方法是以額肌收縮，眉位提高，眼輪匝肌放鬆；兩側頰肌和顴肌收縮，肌肉略隆起；兩面側笑肌收縮，稍微下拉，口輪匝肌放鬆；嘴角微微上提，嘴唇呈半開半閉狀，不露齒為最佳。

微笑的基本做法是不發聲、不露齒，肌肉放鬆，嘴角兩端向上略微提起，面含笑意，使人如沐春風。微笑須發自內心。當一個人心情愉快、興奮或遇到高興的事情時，都會自然的流露出這種笑容。這是一種內心情感的自然流露。發自內心的微笑既是一個人自信、真誠、友善、愉快的心態的表露，同時又能營造明朗愉快和親切的交際氛圍。而矯揉造作的微笑，給人一種不真誠、不友善的感覺，也會為我們的工作與人際關係帶來阻礙與陰影。

微笑是人們互動中最富有吸引力、最有價值的臉部表情，但也要注意區分場合，要笑得得體、笑得適度，這樣才能充分表達最美好的感情。與人初次見面，給對方一個親切的微笑，會拉近雙方的心理距離，消除雙方的拘束感；與朋友同事見面打招呼，帶點微笑，顯得和諧、融洽；上級給下級一個微笑，會讓人感到平易近人。正式場合的笑容要適度，故意遮飾笑容、抑制笑容不但有損美感，而且有礙身體健康。而放聲大笑或無節制的笑同樣不雅，無原因的邊看別人邊哈哈大笑，更為無禮。在各種場合只有恰如其分的運用微笑，才能達到傳遞情感的目的。

二、笑容的禁忌

忌冷笑。有諷刺、不滿、不以為然的意味，容易讓人產生敵意。
忌假笑。違背笑的真實性原則，不但毫無價值還讓人厭煩。
忌怪笑。這種笑多含有恐嚇、嘲諷之意，讓人十分反感。
忌竊笑。多表示洋洋自得、幸災樂禍或看他人的笑話。
忌獰笑。多表示驚恐、憤怒或嚇唬他人。

在工作中保持微笑

第二章 職業素養，以最好的素養贏取人心

祕書是主管強有力的「左右手」，祕書的工作內容包羅萬象，並具有多元性、複合性、繁雜性的特點。祕書對內是主管的左膀右臂，對外是公司的臉面喉舌；既要運籌帷幄，又要捉刀代筆……這一特殊地位決定了一個合格的祕書必須具備良好的職業道德。

優秀祕書必備的職業道德

道德水準是一個人安身立命的根本要素，一個失去道德、失去別人信任的人，是做不好工作的。祕書工作更是如此。加強自身的道德修養，是祕書的首要任務。

公司最近一段時期以來氣氛比較壓抑，暗潮湧動，進入了一個非常微妙的時期。因為每年到這個時候，都要進行例行的人事調整。但是，這幾天祕書張靜的辦公室卻很熱鬧：一會兒財務部李經理過來轉了一圈；一會兒公關部周經理也藉故來了一趟；一會兒研發部經理打來電話，張靜詢問他有什麼事情，他也沒說出個所以然來。不了解內情的人可能會覺得很奇怪，但是對於經驗豐富的張祕書來說，卻見怪不怪了。她心裡很明白，這些部門經理之所以總往她這兒跑，就是因為她是總經理祕書，近水樓台先得月，知道一些關於人事調動的內幕，想事先從她這兒打聽一些消息，但既然他們不好意思明說，她也樂得假裝糊塗。

中午在餐廳吃飯的時候，銷售部的田科長端著飯菜來到她對面坐下。寒暄了幾句，就話鋒一轉問道：「小張，我們平時關係不錯，我就不拐彎抹角了，能跟我透露點消息嗎？這次我們銷售部的人事是怎麼變動的？總經理很信任你，有機會的話，幫我在總經理面前多說幾句好話。」張祕書一聽，該來的還是來了，望著田科長期望的眼神，她卻只能回答：「對不起，田科長，我不太清楚。」田科長對她的回答有點失望，不高興的說：「你不知道誰知道，是不想告訴我吧！」張靜只好說：「田科長，我真的不知道。所有人事方面的文件都是人力資源部做的，不是我草擬的。」其實，張祕書說的話一半是真的，一半是假的。文件是人力資源部草擬的沒錯，但是在經過她的手送給總經理的時候，她看到了裡面的內容。接下來，田科長只好轉移了話題，閒聊幾句就悻悻的走了。

看著田科長的背影，張祕書也有些難過，人事調整對於田科長這些男性的中層幹部影響較大。但是，職場的生存環境就是這麼殘酷，作為專業祕書，她必須嚴守不洩露祕密這條最基本的職業道德；否則，她的飯碗也就不知什麼時候被砸掉了。

作為祕書，應具有一定的職業品德。比如說，熱愛事業、安心工作、為事業獻身的精神，按主管意圖辦事和謙虛待人的精神，還有嚴守本分、嚴守紀律、嚴守機密等等。其中，以下幾點是應該經常注意的：

①誠實而不作假弄權。我們說誠實，是指對待我們所服務的主管而言。設想祕書對主管有所虛假，那還有什麼好關係可言！有少數祕書傳假旨，冒用主管名字批文件、簽字等，就是作假弄權的行為，不但違反紀律，嚴重的情況下還是犯法的。

祕書要嚴格要求自己，秉公辦事，堅持原則，絕不能打著主管的旗號辦私事，樹立所謂的自己的「形象」。

②當參謀而不是自以為是。有人提過這樣的問題：當祕書，按主管意圖辦事與當參謀有時會產生矛盾，若是老闆的意見是錯的，他又不採納我的參謀意見，怎麼辦？這裡有三點要注意：一是不要指望老闆採納祕書人員的一切建議；二是不要以為自己的意見就是對

的；三是要明確認知，老闆是決策者，祕書無權強要老闆採納自己的意見。

在老闆的指令、意見「公布」前，如果祕書發現有不足之處，應當提出補正意見供參考。祕書與老闆之間的關係應該是親密、融洽、和諧而充滿友誼和支援的工作關係。

③顧全大局而不介入矛盾。如果幾位主管有了意見分歧、有了個人矛盾時，祕書應該怎麼辦？這裡有一項原則：祕書不能也不允許介入主管私人間或工作中的分歧和矛盾。祕書介入這種糾紛，支持一方、反對一方，不但於事無益，而且會把事情搞得更複雜。祕書人員不能在主管之間說不利於團結的話。如迴避不了，最多只能表示：主管之間的事，祕書人員不便說什麼，希望以大局利益為重，相互諒解、彼此團結。如果主管間在工作上有分歧，臨到祕書非執行不行時，就只能按組織原則，執行主要決策人的意見。

④公正而不搬弄是非。祕書在主管身邊工作，隨時隨的需要向主管匯報情況，提供對事物的看法。這種工作條件要求祕書公正、客觀、超脫。涉及人事問題時，絕不可藉工作之便，挾私向主管說這個人那個人的壞話。這是一項美德，也應是一項紀律。

⑤謙虛而不傲上淩下。有些祕書自以為地位重要，對下口大氣粗、盛氣淩人，使人反感。有些祕書性格急躁，自以為正確，有時會與主管頂撞、爭吵起來。好的性格也是處理好人際關係的重要因素，但性格、脾氣，多半也能納入品德修養的範圍。如果祕書自恃有才幹，而不注意職業品德修養，也是經營不好關係的。

⑥受批評而不急不怨。有些祕書風趣的說：我們做工作挨罵遭受批評是常事；如果有一段

時間不挨罵就是事實上的表揚。工作做得不好，挨罵是應該的。有時，主管的要求、責罵也有弄錯情況的。這時，最好不要急於爭辯、急於解釋，而是暫時冷靜一下，等氣氛稍微緩和一下再用適當方式說清楚。有時，情況不說自明。能做到這一點，對處好以後的關係做好服務工作非常有好處。

⑦辦事要忠於主管意圖，不要按個人喜好隨意增減，畫蛇添足，把事情辦走了樣。也不要在執行一位主管的指令時而去問另一主管的意見，節外生枝把事情搞複雜，這些都是忌諱的。

優秀祕書必須具備的能力

要做一個合格的現代商務祕書，擁有多方位的能力是很重要的。一個優秀的祕書必須具有果斷辦事的本領，兵來將擋，水來土掩，擁有該出手時就出手的魄力。

同時，他們懂得如何去努力尋找和挖掘機會，並迅速果斷的做出決定，最終取得令人羨慕的成果。

李遠是一個極為努力的祕書，雖然進公司多年仍沒有得到升遷的機會，但是她仍然待人和善、努力向他人學習，並且在獲得英語認證資格以後，她還擠出自己的時間學習日語口語課程。上個月，日本東京一家塑膠株式會社的山本先生來李遠的公司，商討合資建廠的事。一開始山本先生非常高傲，說這個不行，那個不夠。幾天下來，進展不是很大。老闆認為山本先生固然有殺價的考量，但也與山本先生為人相當刻板高傲有關。

這天中午吃飯的時候，李遠用日語問山本先生，他的老家是不是東京的，他張大眼睛很驚訝的反問李遠是怎麼知道的。李遠說她是聽他說話的口音猜的。她說她在大學時日語老師是東京人，而工作以後又進修了日語口語，老師是橫濱人，日語口音的差別聽他們都介紹過，說完便唯妙唯肖的模仿起來。

聽李遠這麼一說，五十來歲的山本先生馬上顯示出「老鄉見老鄉，兩眼淚汪汪」似的激動，稱讚李遠的日語真是太道地了，說得李遠連說了幾次不好意思。下午，籠罩在談判桌上的沉悶一掃而空，山本先生當場同意了公司的全部條件，說立即向總公司匯報，連李遠的老闆也感到非常意外。

能力，是人們從事一定活動的技能和本領。不同的職業對人們能力的要求是不同的。商務祕書是在市場經濟環境下興起的一種社會職業，以投資經營者和商務管理者為服務對象，主要從事行政辦公事務性工作和決策輔助性工作。商務祕書應具備以下幾種能力。

（一）表達能力

表達能力有兩種：一是文字表達能力；二是口頭表達能力。

文字表達能力即運用文字書面形式反映客觀情況、傳遞資訊、表達思想的能力。商務祕書常常需要根據企業發展現狀制定措施、編制計畫，撰寫各種報告，供企業決策時參考，因此書面表達能力是商務祕書的基本功。商務祕書要有深厚的文字修養，因為他的工作不僅要對資料進行綜合分析，更主要的是對主管的工作思路要進行演繹或歸納，將主管確定的原則具體化，將零散的思維條理化，將未成型的意圖清晰化。所有這些都要靠規範、準確、精練的文字予以表達。

口頭表達能力，就是運用口頭語言交流想法、傳達訊息的能力。它較書面表達使用頻率更高，使用範圍更廣。祕書的口才，直接影響著他參謀和助手效能的發揮。「說」的過程，一方面是表達自己的理解和見解，另一方面也能跟主管、群眾溝通。能說會道的商務祕書總是受人歡迎的，能說不只是一種修養，也是一種才能的顯露。

(二) 學習閱讀能力

學習閱讀能力，就是指感知書面資訊知識的能力。社會的發展進入了資訊時代，今天的老闆和管理者比任何時候都需要迅速的獲得有用的資訊，以應付日益複雜和多變的環境。閱讀文件，翻閱資料及業務書刊，是商務祕書收集資訊的主要方式。對於商務祕書來說，閱讀不但要迅速而且要準確，還要能夠準確的領會文章的中心思想及準確的判斷資訊是否有用。日本經營學專家、日本系統研究中心總經理片方善治說：「在跨入資訊革命的今天，能否及早獲得較多的資訊，已成為事業成敗的關鍵。而利用資訊的關鍵不在於收集，而在於選擇。」這就對商務祕書的閱讀能力提出了更高的要求。

（三）社交能力

主要指與社會正常互動的能力。美國實業家，石油大王洛克菲勒表示「會付更多的薪水給擅長待人，而非擅長處理事務的人。」在這一點上，他與曾經的美國總統狄奧多．羅斯福的觀點不謀而合：「成功的第一要素是懂得如何經營好人際關係。」商務祕書應具備一定的社交能力，懂得多種場合的禮儀、程序，善於待人接物，善於運用交際手法和藝術，妥善處理交際中的矛盾和衝突。

商務祕書具有廣泛的社交能力，做到既輕鬆愉快的完成工作，又能與外界保持良好的關係，是獲得事業成功的重要條件。美國麥凱信封公司董事長麥凱告訴我們：「走出辦公室，廣結善緣，盡量推銷自己，做一個消息靈通人士……都是建立人際關係的好方法。在工作世界裡，人際關係經常是決定成敗的關鍵。」

（四）判斷能力

美國人才代徵聘專家亞伯特說：「最重要的才能莫過於能做出正確的判斷，而這種特殊才能將是電腦永遠無法取代的。」為了實現主管的指示，商務祕書必須正確領會主管意圖。不論是日常的還是突然而來的工作，商務祕書都必須從各個角度對問題進行思考和分析，盡快的作出判斷，準確無誤的應付，當機立斷的去做，才不致出現失誤或漏洞。

美國企業界的傳奇人物，美國克萊斯勒汽車公司總裁艾科卡說過：「如果你已經有了百分之九十五的資料，但想再取得其餘的百分之五，卻還得花費六個月。到了那時，市場行情已經變了，你的資料也過時了。生活的全部要點就是：選擇時機。」可見在如今的「商戰」中，商務祕書成熟敏捷的判斷力更為重要。

(五) 掌握外語的能力

隨著市場國際化的發展和企業規模的擴大，越來越多的管理者要到國外進行投資、經濟管理或進行國際貿易交際、商務談判、簽訂合約等，這就要求商務祕書要具備一定的外語能力。現在即使是沒有對外經營業務的企業，也要求商務祕書人員掌握一至兩種外語，能夠利用外語閱讀或查閱資料，並熟練掌握外語會話、寫作的能力。

(六) 電腦操作能力

美國線上公司總裁史蒂夫．凱斯說：「當多數人上網時，這會以前所未有的方式讓人掌握主動權。他們隨時都能獲得有關他們關心問題的資訊，這會在一個比較完善的市場為他們提供比較完善的資訊。」商務祕書需要閱讀、收集大量資訊，或進行日常交易處理，或進行複雜的計算，都離不開電腦。利用網路可以實現資源分享，快捷的了解世界經濟發展的現狀，節約人力和時間。隨著電子商務的興起和發展，不斷提高電腦操作能力對商務祕書而言是大勢所趨。

(七) 創新能力

創新能力是二十一世紀檢驗各類人才素養高低的一個重要標準。商務祕書的創新能力，是指創造性的貫徹主管意圖，為主管工作提供最佳服務的能力。商務祕書能否發揮參謀作用，很大程度上取決於其創新能力的強弱。美國學者、管理專家加里．哈默爾曾說：「嶄新的思想是為公司也為自己創造財富的唯一途徑。」沒有創新的意識，沒有創新的思維，沒有創新的膽略，是不可能為主管決策提供有價值的參謀建議的。

（八）運用 WTO 規則的能力

WTO 的核心是一整套進行國際經濟貿易往來的遊戲規則體系，是一種崇尚公平、開放、規範競爭的規則網路。加入 WTO 後，如何適應新的遊戲規則下的競爭，並運用這些規則參與競爭，是必須首先解決的關鍵問題。曾有人對此感慨的說：「加入 WTO 後，最大的風險不是開放，而是不熟悉規則」。作為商務祕書，應清晰的了解加入 WTO 對本企業到底面臨哪些機會和挑戰，甚至能遊刃有餘的運用 WTO 規則。在盡可能短的時間內提高自身熟悉規則、運用規則的能力是使自己在競爭中獲勝的法寶之一。

優秀祕書必備的良好性格

小丁與小孫同時進入某機關擔任祕書，兩個人同樣有不錯的工作能力，無論主管交給他倆什麼任務，他倆都能非常圓滿的完成。為此，兩個人經常受到主管的表揚。但是，在同事之中，他們倆卻有不同的地方。大家都喜歡小丁，有什麼事總是找他幫忙。小丁的確為大家做了許多事，因為他謙遜又有能力，與大家非常合得來；而小孫則不同，雖然他能力也強，但大家都不太與他合得來，有什麼事也不會找他幫忙，因為小孫這個人有些個性高傲。

小孫也意識到了這種差別，但他並不想改變這種狀態，他認為這樣很好。無論同事們怎麼對自己，主管總還是喜歡自己的，有主管撐腰，他不必總是顧慮再三。況且這樣也不錯，他可以按照自己的個性安排一切，不必因別人的看法而改變自己的生活。而且從心底而論，小孫有些看不起小丁。小孫認為小丁那種謙讓態度十分虛偽，是一種做作的表現，很俗。當然，小孫並沒有把自己這種感覺表露出來，他認為無論小丁怎麼做，都是人家自己的事，別人不應該干涉他。可見，小孫也是具有一定容人之量的，但可惜他沒有表現出來。

就在小孫按照自己的個性工作的時候，主管說要在他們之中提拔一名公關組長，而且這次主管有明確指示，一定要堅持採取選舉的方式，任何人不得從中作梗。面對這樣一個好機會，小孫從心底認為自己應該能爭取到，因為他不但喜歡這份工作，而且堅信自己一定能做好，絕對不會辜負主管的厚望。但是，聽說這次不是主管任命，而是由大家直接選舉，他的心真的有些涼了。他明白憑自己的人際關係，自己絕不是小丁的對手，況且小丁在自我宣傳的方法上也有其獨到的能力。小孫認知到了這種差距，但他不是一個小鼻子小眼睛的人，即使明白自己有不足，他也要進行一番公平競爭。

結果正如他所預料的那樣，小丁幾乎以全數票數得到了這個職位。其實要是小孫去了，工作照樣能做好。一個本來平等的機會，結果由於兩者個性和人緣的不同而導致了龐大的落差。這個教訓值得每一個人認真思索。

人的性格是多樣的，也是不可強求的。但是，祕書工作有特殊性，對其要求又要更高一些。如果沒有一個良好的性格，是做不好祕書工作的。

一、豁達開朗

祕書工作由於處於特殊位置，常常會遇到內部或外部的一些干擾。比如：在工作時處於複雜的人際關係之中，難免與主管、同事發生矛盾、利害衝突；在處理各種事務中，常會引起其他員工的誤解和不滿。因此，祕書人員性格中很重要的一方面就是對人對事豁達開朗，即在堅持原則的前提下採取寬容、忍耐的態度。

二、意志堅強

祕書工作是一項十分繁重而複雜的工作，祕書必須具有堅韌不拔、百折不撓的毅力，克服各種困難，實現自己的職能。這就要求祕書有較強的心理承受能力，對來自主管、基層和外界的種種壓力能夠從容應付、任勞任怨。祕書還要嚴以律己，努力克服自身的缺點和不足。

當然，祕書在輔助主管的過程中，要能夠堅持原則，實事求是，自覺抵制不正之風，做主管忠實的參謀和助手。

三、敏捷應變

祕書不僅要有堅毅的性格，還要機敏靈活。可以說，現代祕書工作對祕書的適應能力和應變能力提出了更高的要求，那種墨守成規、反應遲鈍、不講求效率的祕書已不能適應當今時代的需要了。

祕書工作涉及面廣、變化性強，因此要有敏銳的觀察力和迅速的判斷力，善於溝通，長於協調，既不喪失原則，又不激化矛盾。特別是在遇到突發事件和複雜情景時，祕書要能夠機警靈活、隨機應變，使問題得到及時而恰當的解決。

四、幽默風趣

幽默風趣是人類寶貴的精神財富，是情感和自由的展現。在生活和工作的諸多困惑面前，幽默風趣能幫助你化被動為主動，變尷尬為愉悅，以輕鬆的微笑代替沉重的嘆息。

祕書工作內容繁雜，壓力很大，不免使人產生煩躁、厭倦之情。具有幽默感的祕書，則能以出眾的機智和精美的語言化解困境，超越挫折，獲得良好的心境，保證工作順利進行。而且，祕書在人際交往中運用幽默，可以使他人感到輕鬆，易於溝通情感，取得理解，消除陌生和緊張，營造和睦的氛圍。因此，祕書應該具有幽默的性格。

五、友愛合作

祕書應有友愛合作的性格，寬容待人，助人為樂，不與別人斤斤計較，不因小怨小隙而存嫌。對於所服務的主管，祕書要多加理解，考慮周到；對於其他同事，則要開誠布公，謙遜虛心，維護群體的團結。

六、心思縝密、周詳

細心，考慮事情周到全面，是一名合格祕書應有的個性。

有一位祕書，做事不夠仔細。一次她替主管發出五封信，一天過去了，結果退回來兩封，一封是把地址寫錯了，一封則把收信人的名字寫錯了。這是一個通知其他單位的主管來開座談會的通知，結果只來了三人，兩人缺席。主管為此大為惱火，把那位祕書狠狠的責罵了一頓，過了一段時間就把她給更換了。

做事不仔細，往往是與考慮事情不周到緊密相連的。祕書是為主管工作服務的，台前的一件事可能要涉及到台後的一系列環環相扣的細小環節，如果祕書沒有超前服務的態度、沒有慮事周詳的思維習慣，是很難很好的完成各種工作任務的，還會使主管的工作陷於被動，或者處於難堪境地，主管不生氣才怪呢！

誠如一位從事多年祕書工作的人所說的，小處亦有大文章。祕書切不可做起事來馬馬虎虎，而要細膩入微、周詳嚴密，這樣才會把事情做得漂亮，獲得主管的信任和讚賞，建立一種和諧舒暢的上下級關係。

優秀祕書必備的時間管理能力

很多祕書都有這樣的感覺：時間彷彿永遠不夠用，似乎總有任務追在身後等待處理；自己更是成了一個打雜工人，整天被瑣碎的事情壓得喘不過氣來！

上述問題的原因何在？如何治標更治本呢？

其實，這些祕書完全可以把工作做得更好，之所以出了問題，主要是因為他們對時間管理問題的重視不夠，或是沒有能夠有效的掌握時間管理的竅門。

時間是一個獨特的資源，具有非常鮮明的特色：時間的供給毫無彈性，無論你是總經理，還是祕書，你一天只有二十四個小時；時間無法蓄積，時間過了一秒就少一秒，不管你用不用，每天一定流失掉；時間無法取代，它與資金不同，無法向別人借，也不能借給別人，所有的人只能支配自己的時間；時間無法失而復得，它呈現單向度的流向，沒有倒流的機會。

祕書對時間管理的好壞，直接關係著工作效率的高低。祕書要在執行任務或處理繁雜事務時有效利用時間，就必須有管理時間的能力。

小張應徵到一家公司當辦公室祕書，這是一家規模不大的私人企業。「麻雀雖小，五臟俱全」，由於員工人數不多，所以每個人都有一大堆事要做。

辦公室就小張一個祕書，老闆讓她把整個公司都管起來，交給她一堆事情，讓她負責公司的內務和外務。剛開始，小張對此還滿開心的，自己豈不成了「二老闆」？可是工作起來才發現，她就像公司一個打雜的，決策拍板是老闆的事情，除了部門該做的事，剩下的事情都要她操心，都要她去辦。

在辦公室裡，電話一個接著一個，事情一件接著一件都等著她去處理。她要替老闆草擬、列印、裝訂文件；有時公司開會，她還要準備會議室和會議資料。老闆還經常派她去上級機關送文件，去別的公司送樣品，跟著老闆去談業務等，事情又多又雜。白天工作做不完，晚上還得帶回家做，有時週六週日也得加班，她這樣努力，但是工作總是做不完，經常挨老闆的罵。小張覺得自己很失敗，整天疲於應付一大堆事情，快忙死了，累死了。

今天是週五，終於捱到週末了，晚上回到家，她想早點睡覺，實在太辛苦了。可上了床，她翻來覆去睡不著，想著也許她不適合做祕書工作，是不是應該辭職不幹了？真是有些拿不定主意。突然，她想到她有一個好朋友麗霞也在一家公司當祕書，也許可以先跟她聊聊，問問她是不是有什麼意見。她馬上打電話給麗霞，兩人約好明天中午一起吃飯，邊吃邊聊。

週六中午，小張剛看到麗霞，就大倒苦水，向好朋友抱怨說：「我又沒有三頭六臂，讓我做那麼多事，真是書本上說的，資本家最會剝削人，吃人不吐骨頭，把人逼到死。麗霞，我都快累死了，我想辭職了。你們公司怎麼樣？不過，看你笑咪咪的樣子像是做得不錯，真羨慕你，有一個好老闆。」麗霞笑著說：「什麼呀，天下老闆都一樣，我的工作一點也不比你少，關鍵看你會不會做。」小張著急的說：「你有什麼絕招，教教我，我都要撐不下去了。」

麗霞說：「你總覺得工作多而雜，時間不夠用，那你知道『ABCD 法則』嗎？回去學學吧，有空多學習一些祕書工作的知識和技巧，你就不會想辭職了。現在，哪種工作都不好做，不多下一點工夫，什麼工作都一樣做不好。」

一、有計劃、有組織的進行工作

工作缺乏計畫、安排工作不當、時間控制不夠、整理歸納不足、進取意識不強，這五個因素是造成一個不善於管理時間的祕書浪費時間的最重要原因。

沒有計畫性的工作，會使祕書無法區分事情的輕重緩急；安排工作不當，使祕書疲於奔命，隨時要去補救因為人員造成的各種缺失；時間控制不夠，使祕書花了太多時間處理不太重要的事情；整理歸納不足，使祕書浪費許多時間在無用功上，不能隨手取得所需的資源；進取意識不強，使祕書產生怠惰的心理，讓自己滿足於現狀。

因此，作為祕書，要想把時間管理發揮到最佳，就要做到以下幾點：

（一）擬定工作計畫

開始工作前，一定要做好適當、可行的計畫，事前安排可用的資源，保證依照既定計畫執行。而且，一定要保證自己投入在這個計畫裡的預定時間。一般來說，擬定工作計畫應注意下列幾項要求：

1 確定工作目的。為了不讓自己偏離工作方向，摸不清頭緒，首先應深入了解這項工作的目的何在？它在公司整體中所占的位置是什麼？以及發布命令者意圖何在？

2 備齊一切必要的輔佐工具。過去留存的紀錄、相關的工作成果，以及種種執行任務時所須具備的資料文件和工具，都應事先準備齊全，以備不時之需。

3 決定工作的完成期限。在緊要關頭加班趕工必定會非常慌亂，且不知所措，為了避免這種情況發生，最好清楚訂出預定完成日期，按部就班的執行。又由於工作的進行經常不能如預期的那般順利，因此自己所設定的完成日期應比主管要求的交差期限稍微提前。

4 擬出時間表。在決定工作的完成期限後，接著就必須草擬詳細的工作進度表，這就需要考量各項工作的時效性、安全性以及與其他人的關聯性等，以免影響同事工作的進度。每個月和每個星期計畫必須配合公司歷程表和自己負責的其他工作進度，做機動調整。工作時間的劃分若以週為單位，最好能細分到上午、下午較為妥當。

5 擬定工作計畫的時機。每天的工作計畫最好在前一天結束時訂出，而每週和每月的計畫安排，則分別在前一週的週末、前一個月的最後一週訂出較妥。

(二) 管理時間的計畫表

1 年工作計畫。每年年末做出下一年度工作計畫。

2 季工作計畫。每季季末做出下季末工作計畫。

3 月工作計畫。每月月末做出下月工作計畫。

4 週工作計畫。每週週五做出下週工作計畫。

5 待辦清單。將每日要做的一些工作事先列出一份清單，排出優先次序，確認完成時間，以強調工作重點，避免遺忘、未完事項留待明日。

待辦清單主要包括的內容：非日常工作、特殊事項、行動計畫中的工作、昨日未完成的事項等。

待辦清單的使用注意：每天在固定時間制定待辦清單（一上班就做）；只制定一張待辦清單，完成一項工作劃掉一項；待辦清單要為應付緊急情況留出時間；最關鍵的一項是要每天堅持。

二、分清工作的輕重緩急

有人會忙得團團轉，並不一定是因為重要的事情太多，而是平時處理重要但不緊急的事太少。不同類型的工作，在時間分配的優先順序和時間量上是不一樣的。因此，各種工作必須分清楚輕重緩急。

工作的緩急程度，一般分成四類：

（一）既重要又緊急的事

這類事情必須立刻著手執行，並值得為它花費大量的時間，如人事危機、客戶投訴、即將到期的任務、財務危機等。

（二）重要但不緊急的事

這類事情值得花費大量時間去做，應該排在優先執行地位，但一定要計劃好開始做的時間，如建立人際關係、新的機會、人員培訓、制訂防範措施等。

（三）緊急但不重要的事

這些事情可以量力而為，而且應該在盡量較短的時間內完成，如電話鈴聲、不速之客、行政檢查、主管部門會議等。祕書不能讓這類事情牽扯太多時間，如果完成不了，應請求幫助或選擇放棄。

（四）不緊急又不重要的事

這些事情可以等有時間再去做，如等完成緊急或重要的工作之後，而且不應該花費太多的時間，像客套的閒談、無聊的信件、個人的愛好等。

判斷事情重要程度的依據是這件事情和祕書工作目標的關係。和祕書工作目標越密切，其重要程度就越高；反之則越低。

祕書主要是為主管服務，當手頭有兩件事情：一是為主管查閱資料，另一件是為同事辦理函電。在通常情況下，主管的工作相對重要，應先進行。

判斷緊急事務的標準是這個事情的期限要求和急迫程度，即這件事情如果不馬上動手處理，則可能造成損失或失去意義。

三、合理分配時間

一般來說，合理的分配時間可以使用「八十／二十規則」。

所謂「八十／二十規則」就是：假如工作項目是以某價值序列排定的，則百分之八十的價值是來自於百分之二十的項目，而剩下的百分之二十的價值則來自於百分之八十的項目。當然，在實際的實踐中，有時候會多些，有時候會少些。

因此，要對自己一天的時間進行合理的分配，找出自己的黃金時間，用在處理最重要的事情上（所謂的黃金時間，是每個人一天內最專心、效率最高的時間）。使用其他的時間處理其他的各種事情。保證每天都可以把最重要的事情處理好。

如果你認真去實踐這個規則，你就會發現這個規則是正確的，你從此可以更好的利用你的時間，集中精力和時間在那百分之二十的項目上，從而取得百分之八十的價值，也就是最大價值。

四、與別人的時間取得協作

各種工作都是一個團隊來進行的，除了靠自己的時間外，也需要與別人協作。協作的情況對於工作的發展非常重要。有時候，提出自己的困難，爭取別人的支援和幫助，也是可行的方式。對於祕書而言，自己能夠管理和指派的下屬，可以由自己直接指派其工作，但是對客戶或主管，這一項的作用不是很大。

五、制定規則，遵守紀律

要保證對時間的掌控權，可以給自己與團隊制訂一些合理的規則，並且要求每個人都遵守。一位管理顧問曾提出這樣的建議：每天列出十件要做的事，不管其他。當天處理不完的，第二天也列入次日的十件事中進行排序。先自己試行一個月，覺得有效，再推廣到其他同事。採納這一建議的人很快就發覺自己和公司的效率出現大幅提升。

六、考慮到不確定的因素

在時間管理的過程中，還須應付意外的不確定性事件，因為計畫沒有變化快，需為意外事件留時間。

有三個預防此類事件發生的方法：

為每件計畫都留有多餘的預備時間。

努力使自己在不留餘地，又飽受干擾的情況下，完成預計的工作。

另外準備一套應變計畫。

如果祕書能夠迫使自己在規定時間內完成工作，就會慢慢的對自己的能力有了信心。

透過仔細分析將做的事情，然後把它們分解成若干個單元，就能夠正確迅速完成它們。

七、管理好主管的時間

祕書如果有問題需要解決，可以把自己能夠使用的所有時間都用來處理這些問題。但是，不要期望你的主管也這樣安排他的時間。主管的事情多，責任也大，很多時候他只能抽出很少的時間，去處理一些相當重要的事務，這就更加要求祕書能夠統籌安排主管的時間和日程。

（一）應事先為主管制定時間計畫

時間管理專家認為：人們應該為一天中最有效率的時間制定一個計畫，牢記一些必須做的事情。有計畫的二十分鐘要比沒有計畫的一個小時更有效率。作為祕書，應該替主管分擔這一工作，為主管安排一套完整的時間計畫。

（二）優先安排重要的事情

當務之急是建立一個「行動一覽表」。在前一天晚上，記下主管第二天要做的最重要的幾件事情，然後告訴主管去實施。

一般來說，需要解決的問題越簡單，就應該越少占用主管的時間。這要求祕書做好準備：小結、綜合資訊和各種選擇，不要混淆了最常見的問題和最重要的問題。

（三）正確應付意外拜訪

意外拜訪是主管最頭痛的事情，它往往會打亂主管的既定安排，甚至影響主管的心情，處理不當就會影響工作，進而遷怒於祕書。

一種方法是：向來人道歉，說主管的排程排得很滿，有什麼事情可以透過祕書轉達，如果有什麼不便公開講的事情，可以另選會見時間。

當然，這種做法對於重要的客人不適用。如果來人確實是非常重要的客人，祕書應當及時通報主管，並且協助主管另行安排已有的日程和行程，最大限度的減少意外拜訪所帶來的損失。切不可怠慢了來客，造成無可挽回的後果。

優秀祕書必須掌握的知識體系

祕書往往是主管的左右手，如果不掌握基本的經營管理知識，不了解公司的決策程序，就會鬧出許多笑話。因此，能夠通曉與業務相關的基礎知識和基本理論是祕書必備的本領和基本功，是祕書業務水準飛向更高的「翅膀」，也是祕書成長過程中的「階梯」。

一、有限責任公司

祕書應當了解公司最基本的決策機制。目前，大多數的公司都是「有限責任公司」。所謂「有限責任」，是指公司出資人僅以自己出資部分來承擔責任。這些投資者僅作為股東出資，不參與日常經營，因而他們的決策大多以股東大會和董事會的方式進行。

二、股東大會

有限責任公司的最高決策機構是公司的股東大會。

一般的股東都不直接干預公司的經營管理，資本的所有權與公司的經營權是分離的，公司的決策經股東大會討論認可，委託董事會和監事會管理。

在每年一度的股東大會上審議並決定以下重要事項：規章制度的變更、資本的增減、公司的解散和合併、股份的轉讓、股東分紅、董事會及監事會人員的任免、財務報告的審計和確認、公司董事的薪水等其他利益分配方案。

股東大會原則上每年召開一次，從某種意義上說，股東大會僅是形式上的最高決策機構。

三、董事會

公司董事會是公司經營決策機構，也是股東大會的常設權力機構。董事會向股東大會負責。

董事會主要職責如下：決定公司的生產經營計畫和投資方案；決定公司內部管理機構的設置；批准公司的基本管理制度；聽取總經理的工作報告並做出決議；制定公司年度財務預算、決算方案和利潤分配方案、彌補虧損方案；對公司增加或減少登記資本額，分立、合併、終止和清算等重大事項提出方案；聘任或解聘公司總經理、副總經理、財務部門負責人，並決定獎懲等等。

四、監事會

公司監事會是由股東大會所選派委任的，其作用是監督董事會的工作是否正確和經營團隊是否稱職。因此，公司（包含子公司）的董事會成員不得兼任公司的監事。一些公司的監事會不僅要對公司財務方面進行監督，而且也對公司業務方面進行監督。上市公司還要接受來自公司以外的財務審計。

五、組織結構

企業經營管理方面的知識主要是指企業的組織結構和業務分工情況。如：總經理與幾位副總是怎麼分工的；經營決策的程序如何；市場部與銷售部的分工各是什麼；研發部在從事什麼產品的開發；公司主要的合作夥伴有哪些公司；公司下一步朝什麼方向發展等等。對企業經營管理情況有一定的了解，於祕書輔助主管工作是非常有益的。

作為祕書，你還必須了解本公司的歷史、發展的過程、登記資本額、公司領導人姓名、具體的業務內容、具體產品或服務的價格、年銷售額、各地的分支機構、總員工數等等。

當然，作為祕書不僅要了解本公司的一些基本情況，還要對同行的情況應該有所了解。比如：你是一家電視機生產廠總經理的祕書，你不僅要知道有多少同行，而且要了解它們的總產量、大致價格、新開發的技術或新產品等，並對整個行業的發展趨勢有一定的了解。

六、股票常識

對於一個專業祕書來說，應當具備一些股票和期貨方面的知識。在現代經濟生活中，股票市場表現了經濟生活的波動。股票市場價格的漲跌和市場板塊結構的變化，既反映了國家整體經濟發展的趨勢，又預演著投資市場的未來走向。因此，作為一個現代企業的領導人，不管是上市公司還是沒有上市的公司，都會關注股市的潮起潮落；作為主管的助手，如果不具備相應的知識，那就說不過去了。

七、外匯金融常識

隨著像是加入WTO，企業的國際化進程加速，作為主管的助手，祕書具備一些國際金融方面的知識是最起碼的要求。雖然祕書不需要像具體業務部門的人那樣，天天盯著電腦上那些外匯變化曲線圖，但是當自己的主管為某項具體的貿易或投資業務而關注匯率變化時，如果你一點國際金融知識也沒有，那你也就不配稱為「主管的助手」。

八、法律常識

有規模的公司都聘有法律顧問，所以有些祕書認為自己法律知識多一點少一點關係並不大。其實這是誤解。

法律知識包含兩層意思：一是知法懂法；二是運用法律。這兩者是相輔相成的。

在公司經營活動中，如何對公司法律權利的獲得、行使與保護，如何避免出現法律糾紛以及出現法律糾紛後如何解決等，這些都涉及專門而又複雜的法律條文，必須由專門的律師來處理。但是，這並不等於祕書不需要具備一些法律知識。作為祕書雖然不一定要像律師那樣精通法律，但必須具備起碼的法律常識，遇到問題時能夠有意識的利用法律加以解決。

從各種協議與合約的草擬，到與客戶的常規談判，如果祕書具備了一定的法律知識，就能使自己在輔助主管決策和處理日常工作過程中，向公司主管提供自己的建議，使主管能夠及時判斷什麼事可以自己解決，什麼時候需要律師的幫助。這樣就可以避免一些法律困惑和糾紛，大大降低公司法律需求的成本。

九、財務常識

在公司內部，一般都設有財務部門專門負責財務方面的工作，除非你的主管直接負責這個部門，作為祕書沒有必要具備專門的會計知識。但是，為了讓主管在企業經營過程中，隨時了解企業經營狀況，比如主管習慣透過財務報表知道企業的實際狀況預測企業的未來，採取解除企業經營問題的措施。因此，作為祕書對財務知識多少要有些了解。

（一）資產負債表和損益表

按照目前的會計準則，企業每月主要是上報資產負債表和損益表這兩個主要表格。

資產負債表主要是表現了資金的使用情況。透過看這份表，就知道企業的資產中有多少是庫存商品、多少是固定資產等等。

透過了解公司的資產結構，就容易掌握如何調度資金以及在營運過程中下一步應採取的措施等。如果資產成長幅度較大，就表示企業經營狀況良好；相反，如果企業經營狀況不理想的話，資產就不會有什麼成長；如果出現資產減少的情況，那就要採取相應的措施，重新檢查公司營運方針，在資金調度、投資方向和企業管理等方面進行調整。

損益表主要是反映企業的獲利狀況。透過這份表，能了解企業在一定時期內的銷售收入和經營費用的情況，而這種狀況透過損益表上的營業收入、費用、利息等指標的對比表現出來。

透過損益表可以看到企業收入的結構。一般來說，營業收入增加的話，營業費用和利潤也會相應增加；銷售收入與銷售進價之間的比率，反映了企業成本的結構；從銷售費用、一般管理費用占總銷售收入的比重中，可以看出企業的負擔和經營管理的水準。

（二）現金支出和報銷

祕書在日常工作中經常要與財務部門打交道，如購買辦公用品、招待客人、交通費和為主管報銷出差費用等。由於辦公用品和交通費一般金額都不大，都是個人先墊付，之後實報實銷。有時為接待客人也要預借些現金，事後就須根據規定一筆一筆的細算後再報銷。作為祕書主要是經常替主管報銷差旅費。

主管準備出差時，應根據主管出差目的地和時間的長短，為主管做一個差旅費預算，根據預算填好借款單，向財務部門的負責人提出申請，在主管出發之前把現金準備好。在做差旅費預算時，主要是交通費、住宿費和出差補貼這幾項。出差補貼，公司一般都根據職位高低，有各種不同的補貼標準。

主管出差回來後，祕書要代替主管報銷差旅費。先將主管所有出差票據整理好，再按財務部門指定的單據填好明細，最後將報銷單交財務部門負責人審核簽字。根據出差之前預借金額和出差當中發生的實際費用，多退少補。

優秀祕書應樹立的職業觀念

祕書工作的基本特徵，就是祕書職業的基本調性。掌握祕書工作基本特徵，就是要求我們樹立祕書職業觀念。因為想法觀念的轉變，是祕書工作改革與發展的先決條件。

趙先生本著多累積一點實戰經驗的想法，曾在一家知名的國際公司裡做祕書工作。那時他每次上班的工作量很大，一般晚上加完班都要到凌晨一點左右，很辛苦。而工時只結算到午夜零點，多出來的時間算義務。可即便如此，他也不曾有過什麼怨言。他認為，為了培養本領，這又算得了什麼呢？再說這也是做好本職工作的原則。

一天下班後，老闆要找他「溝通溝通」。憑著自己的直覺，趙先生聽出來老闆的意思是要辭退他。他只覺得這是一種對自己的侮辱，每天他除了本職工作，還時不時的做很多臨時交代下來的任務。趙先生問有沒有可能再給他一次機會，經理的回答是不可能。「既然這樣我自己提出辭呈可以吧！」經理說可以，但也要同樣給趙先生一張「最後警告單」。臨走的時候，這個經理又「安慰」趙先生說還是很感謝這段時間他為公司裡所做的一切的。「感謝個鬼！過河拆橋罷了。」他憤憤的想著，本來還都是好好的，但為什麼突然就……帶著那個大大的問號他遞出了辭呈。痛定思痛，現在已經成為某公司人力資源部經理的他回想起來，認為以下幾點是他當時被辭退的原因：

第一，對原本的員工來說，自己是一個「橫插」進來的「異類」，至少那些老員工是老闆自己培養起來的，容易控制，而趙先生對他們來說還是個未知數。第二，他確實出了不少主意，可有些做老闆的人並不喜歡自己的祕書太過於「獨立思考」，尤其是他們都還沒有把握的事情。第三，在員工人數太多，入不敷出的情況下，必然結果是什麼——裁員！第四，因為他只是個祕書，升職是不可能的，而升其他的員工，他這個老鳥又擋在前面，很是麻煩。所以員工升職的時候，他便成了塊大大的絆腳石。第五，他不是也經常為自己的應得權益據理力爭嗎，在別的員工很「馴服」的情況下，他就顯得格外的刺眼。而他們喜歡的是那種只會服從和時常發揚「義務」精神的員工。透過上面的案例可以看到，服從是祕書必須樹立的基本觀念。根據祕書工作的基本特徵，祕書還應當樹立以下職業觀念：

（一）服從觀念

所謂服從觀念，就是要求祕書人員堅決服從主管的指揮，按照主管意圖辦事。這是由祕書與主管的關係位置決定的。

主輔關係決定了祕書的從屬地位，祕書按照主管意圖和要求工作，以服從主管為自己的本分。因此，祕書人員要充分認識自己的職業角色，圍繞主管工作的目標和要求來調節自己的行為，絕不能別出心裁，另做一套，更不能和主管針鋒相對。

(二) 參謀觀念

發揮參謀作用，是領導決策科學化、民主化的客觀要求，也是祕書工作提高輔助水準，適應時代發展的客觀要求。祕書具有貼近主管、綜合服務、資訊樞紐的三大優勢，發揮參謀作用有得天獨厚的條件，尤其在高科技飛速發展的新世紀，領導者要在紛繁複雜、稍縱即逝的新情況面前，迅速、準確的做出各種判斷，更需要祕書人員發揮參謀作用。

因此，祕書人員必須強化參謀意識，提高謀略水準，掌握參謀藝術，真正實行從側重辦文辦事向既能辦文辦事又能出謀獻策轉變，充分發揮參謀作用。

(三) 全局觀念

眾所周知，任何企業領導者都必須站在制高點上，只有這樣，才能統觀全場，全面運籌，指揮若定。祕書工作是輔助主管去發展工作的，祕書人員只有站在主管的工作立場，站在領導者的角度觀察、分析和處理問題，才能與領導者取得共識，適應領導者的要求。

因此，祕書人員必須開放想法、提高視野，做到不在其位、當謀其政。同時，要不斷拓寬自己的知識層面，建造通才型的知識結構；大力培養整體思維能力，以適應領導工作的輔助要求。

(四) 資訊觀念

當今社會已經進入資訊時代，誰重視資訊，誰就能贏得主動。祕書作為主管的「耳目」，為領導者及時、準確、全面的提供資訊是其重要的職責。因此，祕書人員必須樹立資訊觀念。

第一，要始終把重點放在捕捉反映重大、具有全面性或牽一髮而動全身的資訊上。越是重要、敏感和難度大的資訊，越要予以關注，越要全力發掘。第二，必須注意了解和反映領導決策貫徹落實中出現的新情況、新問題以及解決問題的新思路，以便主管及時修正決策。第三，必須重視提高資訊的品質，在時效性、真實性和適用性上下工夫。總之，祕書人員一定要有敏銳的資訊意識，廣泛收集資訊，精心加工資訊，準確提供資訊，快速傳遞資訊，充分利用資訊，以適應領導決策和社會發展的客觀要求。

(五) 創新觀念

首先，創新能力是知識經濟時代對祕書素養的特殊要求。為了迎接科學技術突飛猛進和知識經濟迅速興起的挑戰，必須堅持創新。創新是做好新時代祕書工作的要求，也是促使祕書人員不斷提高素養，做好服務的不竭動力。祕書人員作為以知識和資訊輔佐主管工作、服務人民群眾的「薪水階級」，必須具備創新意識和創新能力，以適應知識經濟時代的要求。

其次，創新能力是領導決策科學化對祕書素養的必然要求。如果說二十世紀領導層的決策還存在很大的經驗成分，到二十一世紀，必將由經驗決策轉變為科學化決策，這是科技和管理發展的必然趨勢。祕書團隊作為輔助主管決策的一支特殊力量，其地位和作用越來越重要，領導者也對祕書的參謀作用越來越重視。而參謀的核心是創新意識，如果沒有新思維、新做法，是不可能當好主管工作參謀的。

再次，創新能力是祕書工作自身改革和發展的迫切要求。長期以來，由於種種原因，祕書人員非常缺乏創新精神和創新能力。保守的傳統觀念，嚴重束縛了祕書人員的創新能力；陳舊的思維方式，壓抑了祕書人員的創新能力。這種狀況很不適應時代潮流和祕書工作的新形勢，迫切需要祕書開放想法，積極進取，樹立創新觀念，提高創新能力。

(六) 效率觀念

所謂效率觀念，就是祕書人員提高單位時間內工作量的自覺意識。祕書工作是為了符合提高主管工作效率的需要而產生的，也是在提高主管工作效率的目標下發展的。若無法提高主管工作效率，祕書工作就失去了存在的基礎和意義。

如今，社會發展的節奏明顯加快，知識更新的速度日趨加快，資訊傳遞的速度更加快捷，情況瞬息萬變，這都要求祕書人員必須重視工作效率問題。祕書工作效率的高低，直接影響到主管的工作效率，所以祕書無論是處理公文、辦理事務、傳遞資訊，還是參謀諮詢、調查研究、督促檢查，都必須在優質高效上下工夫，只有這樣，才能滿足飛速發展的時代要求。

優秀祕書必備的基本功

做祕書與做其他專業工作一樣，需要一些基本功。這些基本功，就像蓋樓的地基，越厚實越牢固，對做好工作越有利。

（一）政治理論能力

祕書應當懂哲學和政治經濟學的知識。有些人覺得企業祕書懂不懂哲學和政治經濟學，對工作並沒有多大關係。這個看法其實不正確，祕書必須要懂哲學和政治經濟學，這是祕書能力基礎的基礎。其中的道理很簡單，因為祕書是需要有一定思考程度和理論水準的，否則無法把文章寫好，而哲學和政治經濟，是祕書提高思考能力和理論水準必不可少的知識。

（二）邏輯思維能力

祕書需要能有系統的掌握邏輯知識，有很強的邏輯思維能力。一個文章寫得好的祕書，邏輯思維能力肯定很強，所以邏輯學知識就像哲學和政治經濟學知識一樣，也可以說是祕書能力基礎的基礎。

（三）政策法規能力

祕書要熟悉與本企業有關的國家經濟政策、產業政策、行業政策和與本企業有關的基本法規、特定法規。舉例來說，如果你在電信企業做祕書，就要熟悉政府的方針和重大決策，就要熟悉資訊產業政策、通訊行業政策、電信體制改革政策，就要熟悉「勞動法」「消費者權益保護法」、「契約法」「公司法」「電信法」等。只有掌握了這些東西，你才能保證所寫的文章有正確的內容，並且使文章符合法律法規所設定的「遊戲規則」。很難想像，一個「政策盲」「法盲」的祕書能把文章寫好，所以，政策法規知識是祕書應當掌握的知識。

（四）企業經營管理能力

祕書要有豐富的企業經營管理知識。這方面的知識包括兩個部分，一部分是一般的企業經營管理理論知識，這裡面也包括現代企業制度知識；另一部分是你所在企業的經營管理知識，比如你在電信企業，就要有電信企業經營管理知識，在其他企業，就要有其他企業的經營管理知識。因為你在企業當祕書，所寫的文章都是有關企業經營管理的事情，如果很缺乏企業經營管理知識，是無法把文章寫好的，所以，學習企業經營管理知識，也是祕書的必修課。

（五）專業技術業務能力

祕書要相當了解和熟悉所在企業涉及的技術業務知識。祕書對本企業的技術業務應當是個行家，而不應當是個外行。為什麼呢？因為如果你不了解、不熟悉本企業的技術業務知識，肯定寫出來的文章裡會有外行話，甚至會造成錯誤，鬧出笑話。當然，這並不是說祕書就非得精通技術業務不可，這樣要求也沒有必要，但必須對基本的常識性的技術業務知識了解和熟悉，而且了解的面和熟悉的面越寬越好，祕書對本企業的技術業務應當是個通才。

（六）公文寫作能力能力

祕書要掌握公文寫作基本知識，掌握公文寫作技法。這是祕書這個工作的基本功。公文寫作知識包括了三個部分，一部分是一般的公文寫作理論知識，另一部分是企業公文寫作理論知識，還有一部分是祕書個人在寫作實踐中摸索總結出來的寫作知識。前兩個部分是祕書基本功的理論基礎，有了這個理論基礎，你才能邁進祕書這個行業的門檻。但光有理論基礎並不一定就能把文章寫出來，或者寫出來也不一定就能寫得好，還有在實際寫作中摸索總結寫作知識的問題，這部分的知識摸索總結得越多，經驗累積得越多，你的基本功就越厚實。

主管最欣賞的十種優秀祕書

趙華是一家信貸公司的祕書。她工作認真，盡心盡力，在公司有不錯的聲譽。有一天早上，她剛走進公司大門，便被老闆叫到了辦公室。

「你這個當祕書的是怎麼工作的？我是不是告訴過你，所有的合約都要由我來親自過目？可是你看看這個合約，到底怎麼回事？」老闆衝著她劈頭蓋臉就是一頓斥責：「公司現在蒙受了損失，你有不可推卸的責任。你當月的獎金全部扣除。」

趙華心裡不明白到底發生了什麼事，她拿起合約來看了看，心裡覺得一陣委屈，即使有事也怪不上自己。她早就覺得這份合約存在著問題，曾經提醒過老闆要注意一下，可是當時因為老闆太忙，就放在一邊了，結果被騙子坑了。

趙華思來想去始終想不通。心高氣傲的她，委屈得直想哭。心想，自己平時工作那麼認真，為了公司的資金安全付出了多麼大的心血呀！老闆平白無故為什麼要處罰自己呢？

她想找老闆理論，討一個說法。轉念又想：「人在屋簷下，怎能不低頭？如果為了這點事破壞了自己以往的形象實在有些不划算。算了，權且當一次代罪羔羊吧！」

自從這件事之後，趙華並沒有把自己的情緒帶進工作中，依然兢兢業業，依然任勞任怨，見了老闆還是彬彬有禮，好像什麼事情也沒有發生。

後來，司法機關介入了這起經濟案件，那些騙子因為另外一起相同的案件被警方逮捕了，而負責這項業務的職員小陳，因為收取了那些騙子的錢，涉嫌受賄，被依法逮捕了。小陳還交代了自己趁老闆不在公司的時候，偷梁換柱，使這項合約躲過了老闆的審查。至此，真相大白。

不久，公司對內部人員進行調整，做了組織規劃。在全公司的大會上，老闆當著全體職工的面，向趙華表示了歉意，年底的時候，還包了一個大紅包給趙華。

這就是「忍辱負重」的好處。試想如果趙華在受到老闆誤解以後，心中不平去找老闆爭辯或一氣之下一走了之，那又怎能有後來的結果？

雖然每個主管的好惡不同，但是對祕書的要求還是有共通之處的，比如說一個懶惰投機的人走到哪裡也不會受到歡迎。一般來說，主管欣賞以下十種祕書。

一、有主見的人

主管往往喜歡那些在工作中有主見、勇於開拓創新的祕書，因為只有這樣的人才有可能為主管創造更多的財富。

二、尊重主管時間的人

作為祕書，主要的工作是替主管承擔一些非重要的事務，因此永遠不要忘記，主管的時間比你的時間更寶貴。

當主管交給你一項任務時，不管你在忙什麼，要馬上停下來，並在最短時間內完成任務；如果主管出現在你的面前時你正在打電話，那就馬上掛掉電話或示意主管電話裡談的業務很重要。因為，讓主管等一秒鐘都是缺乏尊重的表現。

三、任勞任怨的人

當主管讓你接手一份額外的工作時，要把它視為一種讚賞，而且要任勞任怨，埋頭苦幹，不計較回報。

因為，在很多情況下，這可能僅僅是個小的考驗，看看你是否能承擔更多的責任。如果你表現出色，不但能夠贏得更多的信任，而且在未來的工作中將獲取更多的機會。反之，如果你對此表現出不耐煩，就會降低你在主管心目中的形象。

四、敬業的人

敬業表現為做什麼熱愛什麼。當祕書的一定要踏踏實實的做好自己的本職工作。而那些「這山望著那山高」、時刻想著跳槽的人，就很難談得上敬業了。

一般來說，愛跳槽的人對企業相對穩定的管理工作總是帶來這樣那樣的麻煩，自然不受主管歡迎。

五、勇於承擔壓力與責任的人

社會在發展，公司在成長，個人的職責壓力和職業風險也隨之擴大。不要總是以「這樣做可能會帶來麻煩」為由來逃避責任。當龐大的壓力降臨到你頭上時，不妨視之為一種機會。

六、提前上班的人

別以為沒人注意你的出勤情況，主管全都看在眼裡。如果能提早一點到公司，就顯得你很重視這份工作。每天早到還可以對一天的工作做個計畫，當別人還在考慮當天該做什麼時，你已經走在別人前面了。

七、善於學習的人

要想成為一個成功的祕書，樹立終生的學習觀是必要的。既要學習專業知識，又要不斷拓寬自己的知識層面，往往一些看似無關的知識會對你的工作產生龐大的作用。

八、說話謹慎的人

作為祕書，對工作中的機密必須守口如瓶。如果當你以為自己獲得了一些其他同事不知道的祕密，並大肆宣傳來提高自己的地位時，你離開公司的日子也就不遠了。九、反應快的人

接到工作任務後必須迅速、準確、及時完成，主管們最痛恨的行為就是上午交代的事情，下午還沒有開始著手，或是做事遲緩，影響工作進度。

十、做事細心的人

不同性格的人適合從事不同的職業，而講到祕書這一職業，則需要細心的人。那種粗放型的祕書走到哪裡都不會受到歡迎。試想：如果主管要你草擬一份邀請函，而作為祕書的你只是粗略的寫上時間、地點和受邀請人姓名，應該有的客套詞一概沒有寫，那會多麼尷尬。再比如：桌子上凌亂不堪，文件放得到處都是，主管要的東西需要半個小時才能找到，這樣的祕書也不會有什麼前途。

第三章　實務技能，做一個訓練有素的好祕書

祕書工作的重要性是不言而喻的，也是非常繁雜而瑣碎的。因此，要做好每一項工作，都必須有一套工作實務技能規範，也只有掌握了這些實務技能，才能成為一個訓練有素的好祕書。

辦公室管理實務

辦公室是機關首長或企事業單位主管進行決策、指揮、管理的重要場所，如同人體的大腦。因此，安靜、安全、美好的環境以及良好、充分的設備與設施，是提高工作效率的保證。

辦公室是優秀祕書和其他行政人員的工作室。一切資訊在這裡匯總、整理，一切指令在這裡發出，工作業務聯繫在此進行。

日常各種事務在此處理。辦公室管理的品質直接影響到整個機關工作的品質或企業生產經營的效果。

辦公室又是機關和企事業單位與有關單位工作業務聯繫、與社會大眾聯繫、與新聞媒介聯繫的中心場所，是一個「窗口」。

辦公室的設施、裝飾、環境，辦公人員的工作態度和工作作風，都代表著機關或企業的形象。樹立良好形象，是一個組織生存、發展的必備條件。

林強是管理科系的高材生，剛剛應徵為某公司的總經理助理。上班第三天，總經理就把他叫到辦公室，對他說：「我們公司的樓是新建的大樓，辦公室都是新裝修的，本應該感覺很好，可是我每次走進公司的辦公區，總覺得很凌亂，不舒服。現在交給你一個重要的任務，就是以你專業的眼光看看公司辦公室的布置到底存在哪些問題，向我匯報。」

林強接到任務後到各個部門的辦公室轉了一圈，實地考察了公司的辦公環境。他發現誠如總經理的感覺，的確存在很多問題：各個辦公室的設備雖然是新的，但是隨意擺放；男職員辦公桌上的文件、資料夾亂糟糟的堆在那裡；女職員辦公桌上的個人照片、零食和化妝包到處可見；影印紙東一堆、西一堆的放在窗台上；辦公室裡人聲嘈雜，職員們在互相叫喊大聲說話；辦公室和公共辦公區域缺少綠色植物，顯得沒有生氣，空氣汙濁……

林強看完後就跟總經理如實說明了他發現的問題。總經理聽後就對林強說：「你盡快拿出一個設計方案，然後放手去改，不要有顧慮。」

得到總經理授權後，林強開始對公司的辦公環境進行重新設計和布置。他對辦公環境的硬體環境和軟體環境都進行了大刀闊斧的改變，制定出一套具體可行的辦公規範管理制度，要求職員們按照規範要求，整理好自己的辦公桌和進行辦公工作。

林強經過一個星期的緊湊工作，終於完成了總經理交辦的任務，林強請總經理來驗收。總經理所到之處，看到的一切那麼和諧、美觀：辦公室整潔有序，辦公桌上電腦、電話、資料夾整齊規範；職員們正在忙碌著，沒有了往日的嘈雜；辦公室和公共辦公區的綠色植物生機盎然，走在這樣的辦公環境中感覺非常的舒適。總經理誇讚林強說：「做得不錯，這才像個公司的樣子。」

創造一個科學和良好的工作環境，加強對日常工作環境的管理，營造一個令人心曠神怡的工作環境，是祕書一項經常性的工作，也是一份責任和義務。因此，祕書應該掌握需要整理的辦公環境的範圍和整理辦公環境的技巧，從而為創造良好的辦公環境做出應有的努力。

（一）如何對辦公室進行布局與布置

辦公室一般有兩種類型：一種是由多間的小辦公室（每間十六平方公尺左右）組合而成；另一種是大辦公室（四十平方公尺以上）。兩種辦公室各有利弊，布局和布置的要求也不同。

①小辦公室。

由多間小辦公室組成的辦公系統適用於中高層機關與事業單位的分理制祕書機構。主客人員擁有單獨的辦公室，有利於保密和工作不受干擾。其他辦公室設置各個科室，有利於分部門辦公。

優秀祕書的辦公室應緊鄰主管辦公室，以一牆之隔為好。接待等部門除安放辦公桌椅、文件櫃、電腦、電話機等必不可少的家具和設備外，還應該有供外來人員使用的座椅、沙發、茶几等。

文件櫃應靠牆放置以節省空間，留出足夠的通道。

單人使用的辦公室桌椅應面向門口；多人使用的辦公室辦公桌最好不要面對面放置，以免相互干擾，應各自有一定的空間。

②大辦公室。

現代企業多採用大辦公室。大辦公室空氣流通和採光較好，又便於工作的配合，不利之處在於人聲嘈雜，來往走動，相互干擾。

大辦公室應在一側或中間留出通道，辦公桌椅靠另一側或兩側排列。可以文件櫃背靠背排列或用隔板、屏風將辦公室隔成若干工作空間。

各工作人員都有自己的辦公桌椅、文件櫃、辦公設備，既相對獨立，又便於聯繫。

每個工作空間應避免直接的陽光照射，又有足夠的電器插座。

如果主管人員與一般工作人員同在一間大辦公室，則主管的桌椅應置於其他辦公人員的最後方，用玻璃門隔開，既避免干擾，又利於監督下屬工作。

各工作空間的動線要求盡量呈「I」型、「L」型或「O」型，不要呈「乙」型、「M」型或「X」型。避免不必要的倒退、交叉、徒勞往返。

③接待室、會議室。

除了辦公室之外，還應設置接待室和會議室。

接待室不必過大，能放置兩至三套沙發，同時能接待七八位客人即可。

會議室則視單位規模而定。一般以容納二三十人開會為宜。

接待室和會議室內除了必要的桌椅、沙發、茶几之外，其他布置應比辦公室講究一些。如鋪設地毯，安裝電視，掛置夏冬兩套窗簾，四角放置盆栽，牆上掛些格調高雅的油畫或字畫等等。

小唐是某大學管理科系的高才生，畢業時沒有像其他同學那樣「一頭熱」去大城市工作，而是在當地找了一家規模不大的服裝公司工作。他認為在小一點的公司工作，能為自己提供廣闊的發展空間。是他的眼光獨到，也是他不懈努力的結果，經過幾年的奮鬥，他已經晉升為公司的總經理辦公室主任。他所在的公司設計的產品由於緊跟國際潮流，業務越來越興旺，由一家只有幾十個人的小公司成長為人才濟濟和擁有十億資產的大公司。

最近，公司為了擴大品牌效應，正在醞釀一個具有里程碑意義的發展計畫，就是進軍大城市成立分銷公司銷售自家公司設計的服裝。公司準備設置一個展售中心，同時設立銷售科、財務科、辦公室三個部門。經總經理辦公會議研究決定，鑑於唐主任的能力和所學專業，一致同意由他全權負責展售中心的設計方案。

唐主任感覺責任重大，馬上著手運用所學知識，綜合考量設計辦公結構和布局需要考慮的因素，他認為要綜合考慮如下因素：

（1）職工的人數
（2）購買或租用的面積
（3）機構的建制和辦公空間的分類
（4）經營的性質或內容
（5）部門間的工作聯繫
（6）辦公室的間隔方式應符合工作的需要和保密的需要
（7）走廊等通道符合安全需要，並妥善安排公用區域
（8）辦公室隨組織發展變化的變更，需要具有靈活性

經過仔細斟酌，最後唐主任向總經理提出分公司辦公結構布局方案：展售中心採用開放式辦公室類型、財務科辦公室採用封閉式類型，辦公室採用半開放式類型。同時，展售中心應在離大門較近的地方給予較大的辦公面積，以便充分展示公司的產品和方便客戶出入；財務科辦公室應設在離公司大門較遠比較安全的位置；辦公室因屬綜合辦公性質與展售中心和財務科工作都較密

切，為避免工作人員來回奔波浪費時間，應安排在兩者之間的位置較為妥當。唐主任的設計方案拿出後，經總經理辦公會議研究討論，一致認為相當科學合理。

現在，方案已經實施，分銷公司布局合理。開業以後，人來人往，業務興隆。

唐主任做得非常出色，應該說分銷公司的成功，有他的一份功勞。優化辦公室環境是提高工作效率的前提，方便、舒適、和諧、美觀的辦公環境直接影響著企業組織的形象和工作績效。科學合理的設計辦公環境需要靠祕書的參與來實現，因為良好的辦公環境離不開精心的設計和安排。

(二) 辦公室管理的內容與要求有哪些

廣義的辦公室管理既包括辦公室環境與物業的管理，又包括辦公人員的行為管理，這裡所講的主要是前者。其管理要求和特點為：

①整潔。

辦公室的首要要求是整齊和清潔。整潔能讓人有一種秩序感和舒適感，使人的情緒安定而愉快，有助於提高工作效率。

1 整齊。

A 辦公桌椅和櫥櫃等盡量採用同一尺寸、同一顏色，主管人員的桌椅可以特殊一些，排列盡可能有規則或朝同一方向。

B 辦公桌上除必要的文件、電腦、電話機、文具等辦公用品之外，其他物品都應該放在抽屜或收納櫃內。

各種筆和裁紙小刀應放在筆筒或文具盒內，墨水、膠水、修正液、膠帶、迴紋針、釘書機等小型文具都應收納在一個盒內，既不易碰翻，又不會擺得滿桌都是零星東西。

C　辦公桌上也不宜放置相片架和其他小玩意，要盡量顯得簡潔。櫥櫃、書架要經常清理，文件、圖書、報紙、雜誌要放得井然有序，不可亂放亂塞，既雜亂無章又不便尋找。

2　清潔。

A　要窗明几淨，地面應天天打掃。桌椅櫥櫃應天天擦拭，門窗應定期擦洗。

B　每張辦公桌邊都應有廢紙簍。廢紙物品不可亂丟，但不放菸灰缸。辦公室內應禁止吸菸。

C　人員較多、走動頻繁的大辦公室內不宜鋪設地毯。小辦公室鋪設後應經常清掃。印表機、電腦、影印機也應保持整潔，長期不用者應加罩蓋。

②安靜。

辦公人員經常要思考問題或草擬文件，需要安靜。因此，辦公室最好不要靠近路邊，也不宜靠近生產廠房或門市部，以免外界噪音干擾。

辦公人員都應養成輕步走路、輕聲說話的習慣，尤其是在大辦公室。優秀祕書應該以身作則，在辦公室內不嬉笑喧鬧。如需要與同事討論，則應到走廊或休息室、接待室去。

較大機關、單位往往設有專職打字員，則應設專門的打字室，以免滴滴答答影響其他人員工作。

③光線、空氣與溫度。

辦公室要求光線適度，空氣清新，溫度適宜。

1 白天辦公當然最好是自然採光，但以太陽光不直接照射辦公桌面為宜，以免影響視力。辦公室不宜採用五顏六色的光線。

2 空氣清新有利於辦公人員的呼吸與健康。春秋兩季應經常開窗，保持空氣流通。夏冬季節如用空調，則應注意每天上班前、中午用餐時、下午下班時，至少三次打開門窗，流通新鮮空氣。

3 人體感受最舒適的溫度一般在攝氏二十至二十五度。春秋兩季自然溫度適宜，夏冬就要靠空調來調節了。但在酷暑或寒冬季節不要一下子把室內溫度調到和室外反差太大，以免人員進出辦公室時爆冷爆熱，容易生病，而應逐漸升溫或降溫，讓人們在上班後下班前有一段適應過程。

④色調與美化。

色調視覺影響人的心理。辦公室的色調總的要求是簡單和柔和，使人員的心理感覺平靜和舒適，不要弄得色彩斑斕、光怪陸離，反使人感到煩躁不安。

講究的辦公室一年換兩次色調。春末夏初，牆用冷色，鋪綠地毯；秋末冬初則是牆用暖色，換紫色地毯，室內屋頂不變。如不隨季節而改色調，地毯則以灰色或米色為宜。

辦公室適當的美化也是必要的。美化當然包括辦公桌椅、書架、櫥櫃、室內屋頂、牆壁、地毯的色彩和布置格局等，也包括牆壁上掛置的油畫或大幅照片等。

辦公室美化應精心設計，不應只是某個長官或祕書的個人喜好或心血來潮。

辦公室美化要與整個單位的性質或企業文化相符合。

1　政府機關的辦公室以莊重、簡潔為好，不宜多加裝飾。

2　商業企業辦公室則可以華麗一些，以顯示自己的財源豐盛。

3　工業企業則應顯示自己的技術先進、產品精良和實力雄厚。

但不管何種機關和企事業單位的辦公室，都應避免奢侈和俗氣。⑤設備與用品。

較重要的辦公設備，如桌椅、櫥櫃、沙發、電話機、電腦、傳真機、影印機、印表機等，置辦時一般在年初由優秀祕書訂出計畫。

作出預算，由主管上司批准後交祕書或總務人員購辦。

專用設備由使用人負責保管，共用設備由祕書負責。損耗、報廢、添置等都應有帳可查。防止因混亂而造成的浪費或資產流失。

筆、墨、信紙、信封等易耗品自可按需要隨時領用，但也應由祕書保管和登記。

文件檔案管理實務

檔案對於企業而言，具有十分重要的行政、法律、歷史、研究價值，它既是匯總商業資訊的資料庫，也是主管做出決策時的重要依據。

張總經理過兩天要到南部去跟一家商貿有限公司洽談合作的事。讓祕書李靜準備好去談判的有關資料，包括合約文本、產品說明書、銷售方案等資料。李靜按照張總經理的吩咐一一列印、核對、裝訂妥當後，放在一個資料夾裡，交給了張總經理。送走張總經理後，李靜鬆了口氣。

第二天中午休息時，李靜和幾個要好的同事去附近的餐廳吃飯。這幾天太辛苦了，李靜說得好好犒賞自己一下，點了幾個喜歡吃的菜，開開心心的吃了一頓。吃完飯後，她們沒急著回公司，順便去了一下超市，購買了一些餅乾洋芋片之類的零食，興高采烈的回到公司。

李靜回到辦公室後，發現她的手機落在辦公桌上，中午吃飯忘了帶手機。拿起來一看竟然有五個未接電話，查看電話號碼，五個電話都是張經理打的。她馬上緊張起來，趕緊打電話過去問張經理什麼事情。電話通了，那頭傳來張經理不高興的聲音，詢問李靜做什麼去了，為什麼不及時接電話？李靜正不知如何回答，張經理接著說：「你馬上用傳真替我傳個資料過來，就是××公司最早發給我們的協議草案。現在雙方對合約內容分歧很大，我想看一下他們原來的協定內容。這邊的傳真號碼是：××××××」李靜說：「您放心，我馬上幫您發過去。」放下電話，李靜馬上打開文件櫃，開始找張經理要的文件，翻遍了資料夾，終於找到了要找的文件，李靜剛想鬆口氣，仔細一看文件，忽然她傻眼了，原來她們公司傳真機用的是感熱紙，現在幾個月過去了，傳真紙上字跡模糊，淡淡的幾乎看不清楚幾個字，這下李靜傻眼了，難道發給張經理一張白紙嗎？

祕書在平時工作時，應該注意對文件進行整理和歸檔，對重要的文件應該注意備份。同時，應該注意像這類感熱紙文件的處理，否則，遇到緊急事情時無法及時快速的查找文件，無法應對突發性事件。本案例中，李靜就是平時不注意對文件進行整理，處理傳真文件不得當，致使重要文件缺失，無法完成主管指派的任務，造成主管工作的困擾。

企業檔案的範圍包括：信函、內部文件、會議紀錄、商業契約、法律文件、媒體資料、人事資料、客戶資料、交易紀錄、財務報表、原始憑證等。祕書的職責就是明確每一種文件資料的分類方法、保存位置、保存期限、使用規定、檢索方法、管理制度。

檔案分類的方法有多種，但選擇的目的和標準只有一個，那就是必須能夠以最快的速度準確無誤的找出所需要的文件資料。

最簡單有效的分類法是按人名分類、按主題分類、按區域分類，並且採用按字母排列或以代號、顏色排列的歸檔檢索法，而利用數字排列則有利於電腦應用和檢索。

最直截了當的分類方法是根據檔案的性質、數量、體積、作用選擇合適的類型，如用名稱歸檔。如果檔案來源的區域性非常明顯，也可先用區域分類方式歸檔，而後在其內部再進行細分歸檔。

檔案分類應有包容性，同一個文件或資料，因為涉及層面較多，應在有關層面分別歸檔，因為它的作用在不同的檔案中是有差異的，如果遺漏可能會影響這一部分檔案的整體性。

一、文件櫃的使用

辦公室通常設有直式、橫式或顯露式的文件櫃。

（一）直式文件櫃的使用

直式文件櫃採用懸掛式資料夾，它具有較大的伸展性，可容納更多數量的資料。懸掛式資料夾的一側有掛鉤，使資料夾可以掛在那個嵌在文件抽屜中的架子上，指引卡可以放在方便而注目的地方。

（二）橫式文件櫃的使用

橫式文件櫃可使卷宗沿著牆壁縱向排列，櫃中可配置抽屜，也可不用抽屜。橫式文件櫃適合於較迅速的檢索保存的文件。文件櫃中的每個抽屜應貼有指示內容標籤，還應包括便於迅速查閱目錄卡和穩固支托資料夾的溝槽。

無論是懸掛型或常規型的資料夾，文件資料應按順序排放在資料夾中，還應帶有打字簡潔而一致的黏貼式或插入式標籤。文件左側對齊資料夾的折縫處，日期最近的信件要排在資料夾的前面。

文件櫃的每個抽屜應有二十至二十五張目錄卡。

每個資料夾所放文件一般不應超過五十份。若超過這個數目，應建立一個按個人或企業或問題歸類的新資料夾。

(三) 備忘錄的使用

備忘錄是一種用來提醒某事或幫助回憶的資料，通常採用卡片資料格式，作為一種提示性檔案，對祕書是十分便利的。

一份備忘錄資料具有三十張引導卡（如果不用檔案卡，也可用資料夾），每張卡代表一個月中的某一日，還有十二張卡（或資料夾）代表月份。

當月的引導卡要放在備忘錄資料面前，該卡後面放置三十一天或三十天的引導卡。需要提醒某事時，便將有關文件資料列入卡中。該提醒的日期寫在卡片頂端，文件資料置於日期之後。

每日早晨，祕書應該看一下備忘錄資料，了解當天應該做些什麼。到了月末，整月的引導卡可放在備忘錄的最後，而把下一月的引導卡放在備忘錄前面。

二、文件檔案的保存

有條理的進行歸檔分類，資料應整齊的放在案卷內，對齊邊沿。

資料按一定順序排列，便於查找。

避免使卷宗又厚又重。

如提取某項資料，應在原處夾留一張紙條，註明取出年月日及取走人姓名、用途，或另填一張卡插入，做出標誌。

每日辦理存檔手續，使檔案處於最佳利用狀態。

對於必須留存備查的文件資料，你應在閱讀或瀏覽過程中，尋找檔案名稱或最主要的標題，並用鉛筆在名稱或標題畫底線、圈起。如果文件本身未提及名稱和主題，你就應該把名稱或主題記錄或編號在通知裡。

為了利於保存，每份文件要標上日期代號以表明這份文件的保存時間及入檔時間。所有的文件資料歸檔分類後，應完全按照文件或架上原來排列好的方式分類存置。這樣做能節省時間又便於提高效率。

三、文件檔案的檢索

一份文件如何立卷歸檔方能在它需要時被馬上找出來？這要由編制索引方法來實現。

下面是三種編製索引的方法：

第一，以個人姓名編製索引。

第二，以企業名稱編製索引。

第三，以專案或合約名稱編製索引。

索引編號可採用環環相套，逐層分解方式排列。索引首先分成條目，條目包括標題和頁碼，條目可依次分為次條目，次次條目。

如果採用電腦技術，完全可以使檢索更安全、更準確、更迅速，但在使用時，要防止病毒，最好能予以備份。

總之，祕書應熟悉運用適合自己單位的特殊編索，以便在提取使用時做到迅速、準確、無誤。

印信工作管理實務

韓靜是一家公司的辦公室祕書，由於她為人忠厚老實，踏實能幹，總經理決定公司的大小章由她保管，介紹信由她出具。但也叮囑她一定要保管好大小章，不能丟失，使用大小章和出具介紹信時一定要遵守公司的相關規定，要嚴格把關。韓祕書掌管大小章後，同事們都戲稱她為「管家婆」，大權在握，不得了啦！韓祕書可不這麼想，她覺得責任重大，長官信任她，她一定要當個稱職的「管家婆」。

為了規範用印制度，韓祕書製作了用印申請表和用印登記表，不管是個人還是部門來蓋章，韓祕書都嚴格審查，確認是否已經過公司主管簽字批准，否則，一律不蓋章。用印完畢，及時進行詳細的登記。平時不用印的時候，韓祕書都把大小章鎖在保險櫃裡，用印的時候也是用完之後馬上放回去鎖起來。

韓祕書對介紹信的管理也很嚴格，跟大小章鎖在一起，從來不把介紹信亂放。在出具介紹信時，她也都根據主管的簽字，並在存根上加以記載，按照介紹信編號順序詳細的填寫完介紹信和存根的內容後，小心的蓋好騎縫章和文末落款章。

有一天，銷售科的張副科長來找韓祕書，請她幫忙開立一個介紹信並加蓋大小章，說他要到南部出差，洽談一筆業務。韓祕書請他出示主管的簽字，張副科長說：「你知道，總經理出國了，兩天後回來，可我明天就要出發，飛機票都訂好了。要不，你就破一次例吧？」韓祕書堅決的說：

「公司有規定，我也不敢破壞，要不然，總經理就炒我魷魚了。」張副科長說：「那你說怎麼辦？我這可是公事，一大筆買賣，要是耽誤了，誰也負不起這責任。」韓祕書想了想，說：「那你去找劉副總簽字吧，總經理說過，他不在的時候，劉副總簽字也可以。」過了一會兒，張副科長拿著劉副總簽字的用印申請單回來了，韓祕書核對過簽字後，按程序幫張副科長出具了介紹信。

在年終的公司聚會上，總經理點名表揚了韓祕書認真負責的態度。

印信工作是指機關、單位公務印章和介紹信的管理、使用工作，屬於祕書工作範圍。關防章是機關、單位職責權力的象徵，介紹信則是證明本機關、單位員工的身分，介紹聯繫公務之用。如果管理使用不當，會對本機關、本單位乃至社會造成危害。優秀祕書必須認真對待這項工作。

（一）熟悉關防章的樣式、種類和刻製。

①關防章的樣式。

關防章的樣式由質料、形狀、印文、圖案、尺寸等組成。

1　質料。

中國古代官印依品級高低分別用金、銀、銅等金屬鑄成，帝王則用珍貴玉質，象徵其地位。近代關防章用過角質、木質，現代則多用橡膠和塑膠刻製。另有一種專用於貼有照片的身分證明上的鋼印。近幾年還有將油墨或固體色料熱壓而成的「自動印章」和「連續印章」，無須印泥可連續使用萬次以上。

2　形狀。

古代官印為正方形。現代機關、單位關防章有些為正圓形，用於其他公務（如收發、校對、財務）的印章也有長方形、三角形或橢圓形的。公司負責人和法人代表的印章一般仍為方形。

3　印文。

按規定使用政府規範用字。自左向右環行排列。公司負責人簽名章則由個人書寫習慣而定。

4　圖案。

5　尺寸。

②關防章的種類。

1　單位印章。

代表機關、單位的正式署名，具有法定的權威和效力，多用於正式文件和介紹信、證明信等。上文所述五項樣式均指這類印章。

2　電子章。

指印刷單位經授權製版而成，用於印製大量文件。

3　鋼印。

不用印色，利用壓力凹凸成形，一般加蓋於貼有照片的證件上，作為證明持證人身分之用。

4　公司負責人簽名章。

是根據機關、單位主管用鋼筆或毛筆親自簽名製成的印章，為方形或長方形，由祕書保管使用，多用於簽發文件、公告之用。

5　其他印章。

還有會議專用章、財務專用章、收發章、辦事章、校對章、封條章等等。

③**關防章的刻製**。

凡機關、單位的公務印章，一律不得私自刻製。刻製公章有兩種情況：一種是由上級主管機關刻製頒發；另一種由本單位法人代表申請，經主管部門批准後，由專門刻製廠刻製。

（二）如何保管和使用關防章。

①**關防章的啟用**。

關防章刻製後不可隨便啟用，必須選定啟用日期。提前向有關單位發出正式啟用通知，附上「印模」。

②**關防章的保管**。

關防章由單位主管指定專人（一般為祕書）保管並使用。關防章應放置在機要室或辦公室的裝鎖的抽屜或保險箱內，鑰匙不可掛在抽屜或保險箱上，應由保管人隨身攜帶，也不可委託他人代管。

③**關防章的使用**。

蓋用單位公章，必須由單位主要負責人或主要負責人授權的專人審核簽名批准，並要將蓋用檔案名稱、編號、日期、簽發人、領用人、蓋章人等項詳細登記。

凡以單位名義發出的公文、信函等都必須加蓋單位方能有效。關防章蓋在文末落款處，應「騎年蓋月」，帶有存根的公函、介紹信，還要加蓋在正本和存根連接處的騎縫線上。

蓋章一般使用紅色印油，應擺正位置，用力均勻，使章印完整、印文清晰可識。

④關防章的停用與銷毀。

凡單位撤銷，原關防章應即停用，也應立即通知有關單位，並宣布原章失效。通知中仍應附上印模，並寫明停用日期。

關防章停用後即為廢章，應及時送交原製發單位或經主管部門批准後銷毀。經銷毀的關防章也要留下印模，以備日後查考。

(三) 介紹信的保管和使用。

①介紹信的保管。

正式介紹信通常為專門印製並有編號，如聯繫一般事務也有以單位信箋代替者。介紹信一般和關防章由同一人保管並使用，與關防章須同等重視，不可缺頁或丟失。

②介紹信的使用。

凡領用介紹信者須經主管批准，祕書不得擅自開具發放。

保密工作實務

祕書一詞的古義是指祕密文書，後來指祕密文書工作者。所以有人說：祕書，祕書，姓「祕」

名「書」。意思是說，祕書人員的職責一離不開祕密，二離不開文書。到了近代，祕書的職能有了極大的擴展，但保密仍是一條主線，幾乎貫穿於祕書所有的工作之中。

祕書的工作有一部分是與公司外面的人員打交道，在接待那些不了解身分而又沒有預約的客人時，一定要讓他先自我介紹身分和來意。在沒有了解對方身分和來意之前，你不能透露公司的任何資訊給他，如某經理正在開會，或者某經理不在，到某地出差去了等等。但是，你的態度又必須熱情大方，千萬不能讓對方感到一絲你的生硬和冷漠，因此，接待這樣的客人的關鍵是要一氣呵成。

某天，一位紮著馬尾髮型的先生笑咪咪的走近正在值班的祕書黃麗。

「小姐好！」他先打招呼。「我找你們葉老闆。」

「您好！請問您是……」黃麗連忙站起身向客人打招呼。她知道今天下午老闆沒約外來的客人，面前的是一位不速之客。

「葉老闆在不在？」他似乎沒聽見黃麗的問話，一邊問黃麗，一邊大大咧咧的朝裡走。

「請問您是……」黃麗來到客人面前，微笑著再次問他。

「你就是黃麗小姐吧？」來客突然目不轉睛的盯著黃麗問。

「你一定就是黃小姐。葉總不在，找你也行！」

「找我？」黃麗一頭霧水，「請問您是……」

「不好意思，我是××雜誌社的營運經理，劉強。請多多關照！」說著，他掏出一張名片遞給黃麗。

「我和你們葉總是哥兒們，今天過來找他也就是為了約你。」

「劉總，我能為您做點什麼？」黃麗還是莫名其妙。

「黃小姐，你別誤會。是這樣的，上個星期我們幾個好朋友在打高爾夫球的時候，有人說葉總有個祕書很像某個電視劇裡面的女主角，而我們雜誌正在找封面模特兒，所以我今天順路就過來了。××公司的張總你認識吧？」

黃麗點點頭，張總經常來她們公司，黃麗認識。

「黃小姐，我想請你替我們做封面模特兒，千萬別拒絕。你不僅青春亮麗，更重要的是，你身上有那些職業模特兒身上所缺乏的職業女性獨有的氣質。」

聽他這麼一說，黃麗覺得自己臉上發熱，肯定變成了紅臉關公。「劉總，謝謝您的誇獎。不過，這事我必須向公司主管匯報後才能答覆您。」劉強接過小石遞給他的茶，不以為然的說：「這點小事有什麼值得匯報的？回頭我跟你們老闆打個招呼就行。下個星期我們的攝影師就會跟你聯繫的。既然葉總不在，那我就先走了。」

剛到電梯口，他又笑著返了回來，對黃麗說：「黃小姐，我這裡有兩張明天晚上電影院的貴賓票，請小姐務必賞光。」不容她推辭，他把票往櫃台上一放就走了。真是個怪人！

下班時，黃麗將劉強來訪的事向辦公室主任做了匯報。

「拍照的事，我回頭向葉總請示一下，至於看不看電影，你自己決定吧。」主任把玩著兩張票時說。

黃麗說：「明天晚上我要上課，我看劉強那樣子，總覺得他是黃鼠狼給雞拜年，沒安好心。」

「你是覺得他另有企圖？」主任笑著問。

「我一看到他後腦勺上的馬尾，就想起街上的那些不正經的男人。我總覺得這個劉強是受我們某個競爭對手的委託，想利用給我拍照和請我看電影機會，抓住我年輕、經驗不足的弱點，從我身上打聽我們公司的商業機密。」

主任又笑著說：「小黃，這劉強我也見過幾次，他不像是你說的那種人。你不用太多心。不過，我倒覺得你這種保持警惕性的精神還是值得鼓勵的。現在畢竟是一個競爭非常激烈的商業社會，什麼事都有可能發生。由於我們祕書天天都在跟公司的機密打交道，而我們的祕書大多又年輕，社會經驗不足，所以很容易被人利用。因此，這種職業警惕性是值得提倡的。」

在人類社會，大至國家、組織，小至家庭、個人，為了保護自身的利益，總有一些不願為外界所知的事情，這就是通常所說的祕密。

祕密有多種類型，如：

①按範圍可分為：國家祕密、組織祕密、個人祕密等。

②按內容性質可分：政治祕密、軍事祕密、經濟祕密、科技祕密、商業祕密、人事祕密等。

③按祕密的產生可分：原始祕密、再生祕密。

④按祕密的形態可分：有形祕密、無形祕密。

⑤按祕密的等級又可分為：國內級、內部級、祕密級、機密級、絕密級等。

保密，就是知悉無形祕密或掌管有形祕密的人員保守、保護這些祕密，不向無關人員洩露或失密。優秀祕書保密的意義和作用在於：

①關係到國家的安危。

重大的政治祕密、軍事祕密直接關係到國家政策、法律的制訂和施行，關係到國家領導人的安全，關係到國防的安全，總而言之，關係到國家安危和命運，必須嚴加保護。

②關係到經濟、科技、文化教育等事業的發展。

重要經濟、科技、文教等情報的失密，就會造成國內、國際的不正當競爭，造成市場混亂、科技落後等等，所以也必須加以保護。

③關係到主管工作的成敗。

主管決策往往帶有範圍和時間上的保密性，一旦洩密就會受到干擾甚至破壞。優秀祕書作為主管的近身助手，又身處中樞，接觸祕密較多，理應為主管把好保密一關。

④關係到社會的安定團結。

公安、司法、人事以及個人隱私等祕密往往影響到社會的安定團結，影響到人際關係，影響到家庭和睦甚至個人的命運。世界上許多國家都立法規定保護個人隱私權，優秀祕書接觸同事、公眾較多，更應注意。

祕書保密工作的內容與要求：

①保密工作的內容。

對於無形祕密，優秀祕書要牢牢樹立保密觀念，時刻警惕並養成隨時隨地保密的習慣。有形祕密的保密有如下內容：

1 文件保密。

A 凡祕密文件在印刷前應按規定標明密級，確定發放範圍。

B 應由機要人員列印或專門印刷廠印刷。校樣、廢頁、蠟紙、襯紙、膠版等應及時銷毀。

C 草稿、修改稿、清樣應和正式文件同樣保管。

D 複製祕密文件必須履行審批、登記手續。

E 發放時應用專門的封袋、封條。

F 應由專人遞送，不可透過普通郵政傳遞，也不可以在普通傳真機上傳送。

G 文件的收發、傳閱、借閱都要有嚴格的登記手續。

H 應有專人專櫃保管，並經常清理、檢查。

2 會議保密。

A 會前規定保密紀律，對與會人員進行保密教育。

B 選擇具備保密條件的會場，採取保密措施，如擴音、錄音設備等，不得使用無線話筒。

C 控制與會人員，本人簽到，驗證入場，做好點名工作。

D 統一發放、回收或管理會議文件。

E　長官講話，未經本人同意，不得整理印發。

F　會議內容，與會人員不得以任何形式對外洩露。需要傳達的按會議要求有組織、有範圍的進行。

G　祕書做的會議紀錄，應和祕密文件一樣嚴加保管。

3　通訊保密。

A　祕密文件、資料等不准透過普通郵政部門傳遞，必須由機要通訊部門或派專人傳送。

B　密碼、密碼機及電報譯稿，必須嚴加保密。

C　拍發電報必須「密電密覆」、「明電明覆」，不得明密混用。

D　不得在普通電話內傳遞祕密資訊。

4　電腦保密。

A　電腦房應設置在有安全保障的地方，應加裝遮罩網或電子干擾器，以防止電磁信號洩密。

B　電腦在安裝使用前應請專業部門進行安全技術檢查。

C　機房通道應有專人把守，禁止閒雜人員進入。

D　祕密資訊及資料軟體，應建立和健全使用、借用、複製、移交、保管等保密制度。

5　對外保密。

A　對外活動應注意內外有別，友好歸友好，保密歸保密。

B　相關單位不得擅自接待外國人參觀訪問。

C　參加外交活動以及出國人員，未經主管批准不得攜帶祕密文件、資料、筆記型電腦等。

D　凡有外國人常駐的單位（包括合資、合作企業），不得讓外國人接觸我方祕密文件或參加祕密會議，我方人員也不得在外國人面前談論祕密事項。

②保密工作方針。

1　**積極防範**。

保密工作應做好事前管理，嚴格管理，最大限度的減少杜絕洩密、失密事件的意外發生。

2　**強調重點**。

要在密級、部門、人員等方面區別情況，確保重點。如絕密、機密材料是重點，國家機密是重點，機要部門是重點。

3　**既確保國家祕密，又便利各項工作**。

保密和便利是一對矛盾。保密如果過分，將不利於工作；也不可為了便利工作，就降低了保密工作的要求，必須適當的統一。主要在於保密密級、範圍、時間，都必須因需要而科學規定、及時調整。

③保密工作的具體規定。

共有十項，企事業單位優秀祕書人員可參照。

1　不該說的機密，絕對不說。

2　不該問的機密，絕對不問。

3 不該看的機密，絕對不看。
4 不該記錄的機密，絕對不記錄。
5 不在非專用紀錄本上記錄機密。
6 不在私人通訊中涉及機密。
7 不在公共場合和家庭、子女、親友面前談論機密。
8 不在不利於保密的地方存放機密文件、資料。
9 不在普通電話、簡訊、普通郵件傳達機密事項。
10 不攜帶機密材料遊覽、參觀、探親、訪友和出入公共場合。

會議籌劃與管理實務

洪霞是一家公司的祕書，主要負責會議室的安排和協調工作。為了做好這項工作，洪祕書每週都根據各科室提交的會議室使用申請表，提前編製公司會議室使用情況一覽表，做到心中有數。她對公司會議室的情況瞭若指掌，每個會議室有多少桌椅，可以容納多少人開會；會議室裝有什麼設備，設備狀態如何；會議室什麼形狀，適合開什麼類型的會議等都非常清楚。因此，每當部門借用會議室，洪祕書都能根據情況安排合適的會議室供其使用。

有一次，銷售部祕書小胡拿著會議室使用申請表來找她，說是她們經理臨時決定召開一個重要的會議，請她務必幫忙安排一個會議室開會。洪祕書一看，申請表上參加會議人數一欄是三十人，設備一欄填寫的是使用投影機，開會時間是明天上午九點半。洪祕書打開會議室使用情況一覽表查看，發現有投影機的會議室已經全部安排出去了，而附有投影機並能容納三十人的會議室只有三〇一室和三〇三室，也被人事部和客服部預訂了，就問胡祕書是不是一定要用投影機。胡祕書說，會議上要展示行銷方案，所以一定要用投影機。洪祕書又問：「你們部門的會議一定要明天上午開嗎？可不可以延後到後天上午，後天有一個可以容納三十人的裝有投影機的會議室空著，可以使用。」胡祕書著急的說：「不行啊，這個會議很急，因為要確定最終的行銷方案以便執行，總經理點名要馬上召開。」那怎麼辦呢？洪祕書為難了。她跟胡祕書說：「你先回去吧，我看看怎麼協調一下，過一會兒再打電話給你。」

胡祕書回去以後，洪祕書開始仔細研究其他部門登記的會議室使用情況，發現使用三〇一會議室開會的人事部的參與人數只有十五人，就向人事部祕書打電話說明情況，商量可否換一個小一點的三〇二會議室開會，三〇二會議室可容納二十人。人事部周祕書說：「可是三〇二會議室沒有投影機，怎麼辦呢？」洪祕書說：「請放心，我會叫人安裝一個臨時的投影機和布幕，不會有問題的。」人事部的周祕書說：「那好吧，我會向田經理匯報，並通知其他人。」洪祕書說：「謝謝，我也會在公司布告欄中貼一個會議室更改通知。」掛斷電話後，洪祕書拿來公司會議室使用情況一覽表，在相應的欄位上做了改動。之後打電話給胡祕書，告訴她會議室已經安排好了，他們明天上午可以使用三〇一會議室開會。然後列印了一份會議室更改通知，貼到了布告欄中。

第二天剛上班，洪祕書到研發部借了一台投影機和布幕，從辦公室拿了一台筆記型電腦，找人把這些設備安裝到三〇二會議室，並進行了測試。

由於洪祕書的協調，各部門的會議都正常召開了。

如果公司要召開會議，無論是內部會議還是公開會議，作為祕書都應該是最忙碌的人。千萬不要認為祕書可以在會前無所事事，把會務準備工作交給公關部門或辦公室，自己只要等待會議開始就行了。要知道，祕書的工作絕不是簡簡單單的接待客人、做做紀錄那麼簡單。

要想做好會前準備工作，祕書可以依照以下步驟進行。

一、確定會議目的，明確會議的主題

無論是準備會議，還是參與會議，祕書的第一步工作都是要確定會議的目的。可能有人認為確定會議目的很簡單，只要和主管商量一下就可以了，其實不然。因為主管並不一定會明確的指出召開會議的目的來，這就需要祕書認真的琢磨，領會主管的意圖，確認召開會議的目的和主題。

而且，與會者也經常要從會議主辦者那裡了解召開會議的目的。他們會當面詢問主辦者，例如直接問：「您能告訴我這次會議的主要目的是什麼嗎？」與會者也可能透過旁敲側擊的辦法來試探主辦的意圖，例如說：「我們想為這次會議好好準備一下，請問我們需要做好哪些方面的準備？」如果主辦者不能對這個問題進行回答，會是一件很尷尬的事情。

很多時候，與會者都會就這類問題去詢問祕書，因為祕書在整個會議的企劃、安排、召開、結束的過程中往往扮演著穿針引線的重要角色。所以，與會者會讓祕書先透露一些有關會議的消息，以便進行積極準備。

其實這並不是說會議的主辦者和會議主席都喜歡對會議的目的保持緘默，守口如瓶。很多會議的主辦者是很願意就會議的目的問題回答與會者的提問。但是由於時間、精力等原因，這些工作往往需要借助祕書的力量來圓滿的完成。

二、制定會議議程，安排活動程序，並準備相應的材料

祕書應該仔細制定會議議程，並對某項議題做認真準備。同時決定應該準備的資料，以及將什麼樣的資料帶到會議上供查閱等等。

祕書應該注意有的與會者對會議議程可能採取的做法：把會議議程直接丟進文件堆裡，直到開會前幾分鐘才看上幾眼；瀏覽了一遍之後就不再看了；只對自己關心和感興趣的議程加以注意，而對其他問題視而不見；只關心自己在會議上的發言、辯論等方面的表現；只了解會議議程是否與自己的工作日程表相衝突。

因此，祕書應該仔細的推敲會議議程，從中發現問題，然後再提出好的修改建議，使議程更加完善。而且，如果方便，祕書可以提醒與會者，在會議進行中適時適度的發表見解，不要占用過多的時間。

三、仔細研究與會者的資料，並做好準備工作

在準備出席會議前，除了要找出會議的目的、研究會議的議程外，祕書應該考慮到會議中可能出席的與會者的基本情況，對於參加會議來說有很大的幫助。

一般來說，從會務處領來的資料或由會議主辦者發送過來的資料中都有參加會議人員的名單。也可以向有關人員打聽一下：「我自己想分發一些資料，請問明天的會議都有哪些人參加？」在正常情況下，都會得到想知道的答案。

在一些比較重要的會議上，如果能仔細留意一下參加會議的人員名單，就可以分析出很多有用資訊來。要考慮為什麼這些人會出席會議，他們會對會議的進程產生何種作用，而為什麼另外一些自己認為相當重要的人，卻未在出席名單中出現。例如「經理沒有讓財務部門的人參加會議，這說明什麼問題呢」等等。

四、要考慮時間和地點，布置會議場地，並安排專人負責

祕書需要對會議的時間和地點進行考慮。會議時間和地點可以提供給會議參與者有關會議情況的資訊。

會議時間如果安排在最適合開會的時間段，那麼就需要與會者認真準備，因為會議應該是需要深入而充分的討論並做出決議。如果會議時間安排在午飯前的半個小時，那麼就是向與會者傳達這樣一個資訊：這次會議持續的時間很短，需要迅速做出決議。

會議地點對與會者也會傳遞一些資訊：如果會議要在配有紅木家具的會議室進行，那麼女士們就需要精心打扮一下了，先生們的穿著也不能太隨意；如果會議在一個普通的會議室裡進行，就可以穿得隨意一些，太莊重了反而顯得不倫不類。

對於有些大的會議，需要在會前去實地察看一下，熟悉一下環境。

五、如果需要，安排禮儀小姐，負責接待、導覽和解釋相關的詢問

日常接待工作實務

貿易公司經銷部經理近幾天一直為訂貨越來越少、銷售額下降發愁，現在正是銷售淡季，很難拓展銷售管道。一天下午，經銷部經理突然接到法國某家公司的訂單，而且是一筆數目不小的買賣，相當於公司大半年的銷售額，他連忙拿了訂單到總經理辦公室。總經理一看就明白了，站在一旁的沈祕書更是露出了會心的微笑。這飛來的訂單究竟與沈祕書有什麼關係呢？按常理，與法國客人簽訂合約做生意，他銷售部不可能不知道，真是百思不得其解。最後還是由總經理解開了這個謎。

「一對法國夫婦來當地旅遊，在機場下了飛機後，還要轉搭火車去其他地方。這對法國夫婦對於一切都很陌生，不知如何是好，於是就在機場亂撥了一個電話，竟然打到了我們貿易公司的總經理辦公室，接電話的正好是沈祕書。沈祕書從電話中得知對方的身分和困難，對方請求幫助時，他馬上請示了我，然後用英語回答對方：「請不要著急，我們是一家貿易公司，願意向兩位提供幫助。」並立即派車到機場，把這對夫婦送去旅館安頓下來，又陪他們遊玩了幾天，代購了去某地的車票，直到送上火車，熱情話別。這一切，沈祕書都做得非常真誠、得體，讓兩位外國客人留下了深刻印象。我們收到的訂單距他們回國正好一個月，看來這筆大買賣正是被接待的法國夫婦促成的，當然這也要歸功於沈祕書的公關意識和接待藝術，為本公司塑造了良好的形象。」

銷售部經理恍然大悟，深有感觸的說：「看來接待工作中也有公關。做好接待，不僅可以廣交朋友，樹立公司形象，而且可以促進產品銷售，為公司贏得經濟效益。難怪有人說『接待也是生產力』呢！」

一般來說，日常個別接待工作程序簡單，而團體來訪由於來賓人數多，規格比較高，所以要複雜得多。重要的團體接待，還常常需要多個部門的協作與配合，祕書、祕書部門則是其中的紐帶和橋梁。為了使接待工作能夠順利進行，祕書在接到接待任務後，就必須進行周密的部署。

一、接待準備工作

接待工作是從接到來客通知後，開始進入準備工作階段，準備工作是整個接待工作中的一個重要環節，也是做好接待工作的關鍵。準備工作做得好或壞，在很大程度上影響甚至決定著整個接待工作的品質和效果。一般說來，接待準備工作包括以下具體環節。

（一）制定接待計畫

俗話說：「凡事豫則立，不豫則廢。」一般來說，團體接待，尤其是接待重要團體的第一項工作就是制定接待計畫。具體來說，接待計畫大體應包括如下內容。

1　接待規格。

祕書必須能根據來訪者的身分確定接待規格。接待規格實際上就是來賓所受到的禮遇，它體現出接待方對來賓的重視程度和歡迎程度。接待規格的高低，往往根據接待的目的、性質以及來賓的身分、地位、賓主雙方的關係等實際因素來綜合確定。接待規格主要取決於接待方的主陪人的身分，從主陪人的角度論，接待規格有三種。第一種是高規格接待。所謂高規格接待就是主要的陪同人員比主要來賓的職務高的接待方式。一般來說，對公司價值大的重要接待，可採用高規格接待，如企業對初次來訪的重要客人，就多採用高規格接待。例如某一公司的副總經理接待一位重要的客戶，而對方不過是一位部門經理。採取高規格接待的目的是要表示對對方的重視和禮遇。第二種是對等規格接待，所謂對等規格接待就是主要的陪同人員與主要來賓的職務相當的接待，這是最常見的接待規格。第三種是低規格接待，所謂低規格接待就是主要的陪同人員比主要來賓的職務低的接待，這種接待規格常見於基層，如上級主管來檢查工作，只能是低規格接待。接待規格往往透過迎送、宴請、陪同、食宿等方面來體現。

接待規格是從陪同主管的角度而言的。接待規格過高，影響主管的正常工作；接待規格過低，影響上下左右的關係；對等接待是最常用的接待方式。作為祕書，確定接待規格時應慎重全面的考慮。

2 接待規格的確定。

祕書在了解了客人的身分和來訪目的後，確定由誰來出面接待最合適。但接待規格的最終決定權是在上司那裡，祕書僅提供參考意見。當接待規格定下來以後，祕書應把我方主要陪同人員的姓名、身分等情況告知對方，徵求對方意見，得到對方認可。

3　排程。

接待排程應該制定周全，尤其是接待活動的重要內容不可疏漏，比如安排迎接、拜會、宴請、會談等事宜。接待排程還要注意時間上的銜接，上一項活動與下一項活動之間既不能衝突，又不能間隔太長。

4　經費預算。

接待方案中應該對接待經費的來源和支出做具體的說明。如接待經費列支包括以下項目。

①工作經費：租借會議室、列印資料等費用
②住宿費
③餐飲費
④勞務費：講課、演講、加班等費用
⑤交通費
⑥參觀、遊覽、娛樂費用
⑦紀念品費
⑧宣傳、公關費用
⑨其他費用

有時候，客人的住宿費、交通費等由客人一方支付，就需要把所需要費用數目與日常安排表一起提前寄給對方。

5　工作人員。

根據接待規格和活動內容確定工作人員的組成和數量。在接待計畫中，要確定各個接待環節的工作人員，實行專人或專項負責制。為了讓所有有關人員都準確的知道自己在此次接待活動中的任務，提前安排好自己的時間，保證接待工作順利進行，可制定並填寫表格，印發給各有關人員。此外，還要對有關人員進行禮儀、接待常識方面的培訓，避免在接待過程中出現不必要的失誤。

6　其他事宜。

如翻譯服務、新聞報導、安全警衛、醫療衛生、導遊、禮品贈送、代購車船機票等。

(二)　環境準備

環境包括硬體環境和軟體環境，準備工作也要從這兩個方面入手。硬體環境指接待室內的空氣、光線、顏色及布置等外在客觀條件。來賓到來之前，祕書要做好接待室的安排布置工作，創造一個清潔美觀的接待環境，讓來賓一走進來就感到這裡工作有條不紊，充滿生氣。此外，還要注意軟體環境即單位的工作氣氛、人員的個人素養等社會環境的準備。要注意從各個方面彰顯公司文化，展示員工良好的精神風貌和和諧的辦公氛圍，以讓來賓留下深刻印象。

(三)　資料準備

1　來賓情況。

為了使接待工作萬無一失，祕書要事先掌握來訪者的基本情況，如所在單位的全稱、業務範圍、發展態勢、來訪者人數、姓名、性別、身分、國籍、宗教信仰；有時還要對主賓有更多的了解，如個人愛好、性格、專長等。對外賓可根據需要請對方提供國歌樂譜、國旗樣板及製作說明等。有時還要準備好外賓國家的一些音樂和本國的一些經典樂曲，以便宴會和晚會時使用。

2　其他材料。

來賓到達後，要送上排程、企業的發展歷史等基本材料。此外，還要準備禮儀宣傳資料、旅遊參觀點等，還有如對上級用的匯報介紹資料，用於平級組織的專業技術資料和合作成果資料。如果來訪團體中有外賓，還應有中外文對照版本。

二、正式接待工作

客人到達後，即進入正式接待工作狀態，在按接待工作方案逐項落實的同時，還要根據情況的變化，隨時採取應變措施。

（一）迎接來賓

迎來送往是接待來賓的基本方式，要根據客人的重要程度和不同情況而有不同的迎接形式。一般的接待工作，公司負責人的身分應該和來賓的身分相當，並提前到達迎接地點。如果是遠道而來的客人，祕書應提前到車站、機場或碼頭迎接，以示對來賓的歡迎。重要的訪問，還可以舉行一定的迎接儀式，如列隊歡迎，獻花等；如果是外賓，要注意對方國家對花的禁忌風俗。

（二）會見、會談的接待

會見、會談也是接待工作中的重要環節。會見是指雙方或多方代表見面會晤，就共同關心的問題交換意見。會談指雙方或多方就某些重大問題進行深入接觸，交換意見。會見和會談的區別，主要是透過三個方面表現出來。

① 對身分要求不同。會見中，各方代表的身分可以高低不同，但會談時各方代表的身分除特殊情況外，一般都要求相當。

② 目的不同。會見的目的較會談更為廣泛，也不要求一定要達成書面協定，但會談的目的則是要求透過深入接觸，達成共識並最終形成書面協定。

③ 約束力不同。會見達成的共識往往是口頭性的，因而難以產生嚴格的約束力，但會談達成的書面協議只要符合法規法律，就具有嚴格的約束力，並受到法律保護。

在主客雙方進行會見、會談時，祕書要注意以下問題。

1 座位安排

會見時應遵循「主左客右」的原則，即客人坐在主人的右邊。座位通常排成扇形或半圓形。雙方會談一般將談判桌排成長方形，雙方各坐一邊，主方位於背門一側，或進門後的左側。雙方主談人位於各方長排中央，其他人員按右高左低排列。多邊會談的座位可擺成圓形或方形。桌上應放置中文座位卡，對外會談，要同時放置對方語言的座位卡。

2 合影

如有合影儀式，應事先安排好合影圖，準備好必需的攝影器材。合影圖一般是主人居中，主人的右側為上，主客雙方按禮賓順序排列合影，以主人右手為上，主客間隔排列。第一排人員既要考慮身分，也應考慮能否都攝入鏡頭。通常由主方人員分站兩端。

（三）宴請接待

客人到達後，主人都會安排宴請活動。確定正式宴請的具體時間，主要要遵從民俗慣例。而且主人不僅要從自己的客觀能力出發，更要講究主隨客便，要優先考慮被邀請者，特別是主賓的實際情況，不要對這一點不聞不問。如果可能，應該先和主賓協商一下，力求兩邊方便。至少，也要盡可能提供幾種時間上的選擇，以顯示自己的誠意，並要對時間長度進行必要的控制。

另外，用餐地點的選擇也非常重要。

首先要環境優雅，宴請不僅僅是為了「吃東西」，也要「吃文化」。如果用餐地點等級過低，環境不好，即使菜餚再有特色，也會使宴請大打折扣。在可能的情況下，一定要爭取選擇清靜、優雅的地點用餐。

其次是衛生環境良好，在確定宴請的地點時，一定要看衛生狀況怎麼樣。如果用餐地點太髒、太亂，不僅衛生問題讓人擔心，而且還會破壞用餐者的食欲。

再者還要充分考慮到，來賓的個人禁忌、口味禁忌等特殊情況，這都需要提前對來賓情況有充分的了解。

（四）參觀遊覽及娛樂活動

團體接待一般都會安排參觀遊覽及娛樂活動。這既是接待工作的一項內容，也是聯絡感情的一個重要方法。在遊覽參觀過程中，主客雙方不但可以隨時繼續進行洽談，而且可以進一步加深理解、溝通感情，為今後雙方的愉快合作打下基礎。

安排參觀遊覽時，主方要結合實際情況，根據來賓來訪的目的和要求，選擇好參觀遊覽點。主賓參觀遊覽時，通常由祕書陪同，此時祕書又充當了導遊的角色，祕書應在陪同中處處照顧，還要對參觀路線、用餐等做好提前安排，並對參觀景點進行適當介紹，這就要求祕書人員應熟悉當地古蹟、風光的特色，歷史沿革及相關典故。在參觀遊覽過程中，主方還可以酌情贈送有意義的、合適的紀念品，也可以選景攝影留念。

來賓逗留期間，主方可以安排適當的文化娛樂活動，如觀看藝文演出等。在安排活動時，既要從實際可能出發，又要尊重來賓的意願。如果是對外接待，主方在安排藝文演出時，要注意安排一些具有本國風格的節目，同時要注意避免因政治內容或宗教信仰、風俗習慣等問題而引起的一些不必要的誤會或不快。

三、善後總結工作

將客人送別後，應善始善終的做好接待善後工作。

（一）通知接站

為客人訂購回程的車、船、機票，並送到客人手中，或為客人租用回程車輛。將客人所乘車（機、船）班次時間通知客人前往的單位，以便接站。如果客人路途較近，一定要提前通知，以防誤事。安排送客的車輛，並由接待人員將客人送至車站、碼頭或機場。如屬重要客人，安排公司負責人前往送行。

（二）進行總結

要認真總結經驗，對工作中出現的失誤，要進行分析，找出原因，吸取教訓，以利工作。對參與接待工作的有關單位表示感謝。

（三）文件歸檔

把本次接待工作中形成的文件、資料收集齊全，整理歸檔，以便查閱。

簡單歸納，可將接待工作程序總結為：①接受任務——②了解來賓——③制訂計畫——④預定食宿——⑤迎接來賓——⑥商議日程——⑦安排活動——⑧陪同參觀——⑨送別客人——⑩接待小結。當然，在每次接待過程中，實際情況總是千差萬別的。因此，接待人員在接待工作中要根據不同情況，靈活掌握，合理安排。

資訊的收集與管理實務

資訊管理是祕書的一項經常性工作，要在輔助決策過程中及時為主管「提供準確的資訊」。文件工作、調查工作、訪問工作、檔案工作等都可以說是祕書部門的資訊工作，只是內容和形式具有各自的特點罷了。

資訊管理並不是祕書的一項新職能，只是過去不用「資訊」這個詞，一般叫「情況」，書面的資訊叫「資料」，而且對資訊工作的認識也不像現在這樣深刻。

一位英國學者認為：「從最廣泛的意義上說，資訊可按其創造能力來加強評論。高品質資訊可使接受者認識環境，並隨著環境的變化採取必要的對策。」這就是獲取高價值資訊的目的所在。資訊工作的重要性，決定了祕書必須投入很大的精力做好這項工作，要克服那種在辦公室裡坐等資訊的不良作風。

資訊管理是一門學問，當然不能要求祕書人員必須掌握高深的資訊科學理論，但是具有一定的資訊理論知識，如資訊收集、資訊處理、資訊輸出和資訊回饋的一些原則和方法是完全必要的。

資訊管理工作包括收集、鑑別、儲存、處理、輸出、回饋等各個環節。祕書資訊管理工作的基本要求就是「準確、及時、全面、適用」八個字。

某地區遭受夏季特大洪水的襲擊。在各地的支援下，發給災民衣物達一百七十八萬九千四百萬件，夏秋兩季災民的穿衣問題已解決。但由於捐贈的衣物中，禦寒的衣物棉被所占比例很小，救災中心為此向給政府單位發了一則救災訊息，請求上級幫助解決災民的過冬衣被問題。當時，僅知道棉被約占救災衣物總數的百分之零點四，棉衣、毛絨衣數量不詳。為統計所缺棉衣被的數字，救災中心以已發放的一百七十八萬九千四百萬件衣物為參數，按每一百件（套）衣物應配發棉被十床、棉衣二十件的一般標準，主觀的推測該地區災民共缺棉被十萬套，棉衣二十萬件。並且將這一數字用於資訊的標題：「××地區災民過冬尚缺棉衣棉被三十萬件（套）」。

訊息發出後，政府長官非常重視，即批示有關部門將情況了解清楚後設法幫助解決。地方政府接長官批示後，立刻安排該地區及其受災各縣的相關部門落實長官指示，採取措施逐鄉、逐村的釐清今年冬天災民穿蓋情況，根據有無自救能力分類排隊，逐戶登記棉被兩千床，毛絨衣四千件、毛絨褲兩千件，棉衣一千六百件，撥款兩百七十五萬元，就可基本解決受災群眾過冬衣被的問題。

資訊的收集是企業資訊處理規則的首要環節，是做好行政資訊工作的基礎。祕書每天的日常功課之一，就是透過各種途徑，收集有助於或有影響的行政資訊。比如：透過每天收到的文件、簡報、資料、報表以及電話、電報收集各方面的資訊；有計劃的展開市場調查和市場預測，直接進行調查研究，獲取高層次資訊；參加各種業務會議、商業展覽、展售會、學術討論會、資訊交流會、技術鑑定會等，掌握有關的重要資訊。總之，一個優秀的祕書，應是收集、整理、加工資訊的能手。

一、資訊收集的原則

祕書人員收集資訊應注意以下幾項原則：

（一）真實性。這是最基本的原則。我們所獲取的資訊未必都是真實的，其中可能混雜著某些不真實的成分，即偽資訊。如果祕書人員將某些不真實的或不完全真實的資訊提供給主管，勢必會造成主管對情況的誤判，從而導致決策和處理問題的失誤。

（二）多樣性。環境構成是複雜的，決定環境的因素很多，所以祕書人員收集資訊不能只就某一個點和某一個面，而應該圍繞公司發展的需要，開拓視野，綜觀全局，以求獲得盡可能全面的資訊，否則也會造成主管對情況的誤判。

（三）層次性。資訊的層次性，表現在三個方面。一是一般資訊與重要資訊；二是上層資訊與下層資訊；三是表層資訊與深層資訊。

不同層次的資訊，其作用是不同的。收集不同層次的資訊，目的是能夠準確、深入的把握環境的整體情況。

（四）時效性。任何資訊都有時效性，只是不同的資訊，其時效有所不同，有的為長效，有的則為短效。時效的長短與價值沒有必然的關聯，有的資訊時效期，雖短，但價值極高。如果不能及時的捕捉到這種資訊和及時利用這種資訊，往往會蒙受很大的損失，所謂「錯失機會」說的就是這個道理。

二、資訊收集的方法

祕書儘管不是領導者，不是決策者，但是卻需要站在領導者、決策者的高度去觀察問題、分析問題。所以，祕書應努力學習主管所掌握的各種知識，努力像領導者、決策者那樣高瞻遠矚。

祕書人員收集資訊的方法有以下幾種：

（一）採集。採集主要透過三種方式。

1 透過常態性的管道採集。即透過行政管道、業務管道、團體管道、網路管道採集資訊。行政管道常用行政手法由下而上層層採集。這樣做，能在一定程度上保證資訊的真實性。但中間環節多，較費時間。

其他管道，多採用主輔式方法採集，即以一條管道為主、其他管道為輔的方式，這樣可以相互補充、印證，比較準確可靠。

2 透過非常態性的管道採集。即透過參觀訪問、實地調查、舉辦座談會、討論會、洽談會、諮詢會等方式進行採集。

利用實地調查法收集資訊，常見於比較突出的事件或重大困難問題的了解、處理上。這種方式收集資訊費時短，獲得的資料比較真實可靠。但要注意處理好中間環節，或事先打招呼，或事後通報調查結果。

舉辦座談會採集資訊是指有時不直接找當事人或單位，而是透過當事人或單位的「左鄰右舍」，即協力廠商，了解情況及收集資訊。這種方式多用於眾說紛紜、是非難定的人或事。使用時要注意謹防偏聽偏信，以免收集到的資訊失真。

3 「零次情報」採集。在人際交往中，常常可以獲得關於未來的預測資訊。在旅館、餐廳、電影院等公共場所，打破等級、專業、職業類型、年齡等限制而進行的廣泛議論，被日本人稱為「零次情報」。

國外許多調查表明，「零次情報」在各種資訊中占有重要的地位，它往往是各種文獻中難以找到的最新的資訊，能給予資訊工作者或決策者出乎意料的啟迪。

（二）交換。即將自己擁有的資訊資料與其他單位進行交換。

交換的資訊資料一般是限制發行的或內部發行的印刷、聲音影像資料。但是，國家有關文件規定禁止交換以防洩密的資訊資料除外。

(三) 索要。即透過電函或派人索取所需要的資訊資料，包括訂購各種報刊、雜誌、書籍等等。

(四) 複製。在徵得對方同意的情況下，可用複製方法來收集資訊。複製一般有三種方式，即影印、翻拍、翻印。

第四章　溝通藝術，做優秀祕書必備的能力

祕書的許多日常工作都是與溝通緊密相連的，而一個人如果能夠與他人進行良好的溝通，事情就成功了一半。所以，溝通是工作的關鍵，對於具有承上啟下功能的祕書來說，更是關鍵中的關鍵。

好祕書一定要協調好人際關係

關廠長，今年四十五歲，在工作上嚴格要求是出了名的，誰要是在工作上打馬虎眼，他粗大的嗓門會叫人受不了。然而，下屬一旦有個病痛，他忙到半夜也要親自探望。小陳是廠裡新來的祕書，在她之前，已經有三個人因為關廠長的壞脾氣而離開。小陳聽說了別人對關廠長的看法，雖然大家都勸她別去，但她倒想去見識見識這個關廠長。

上班的第一天，一切完全是規範化的。第一次見到關廠長，關廠長很禮貌的接待了小陳，交代了一些工作之後，關廠長便急著去忙事情了。關廠長留給小陳的第一印象還算不錯。幾天後，關廠長通知小陳隨他去與外商洽談技術合作專案，早上九點半出發，同行的有總工程師和外聘的翻譯。

這個專案，小陳在技術科早就知道了，方案也是她在總工程師指導下制定的。還不到八點的時候，她就到技術科準備一些資料。沒想到，一陣急驟的電話鈴聲響起，對方的同事轉告小陳，說廠長找她，火氣很大。小陳立即趕到廠長辦公室，關廠長一見到她上來就沒有好口氣：「上班時間串什麼門子？我讓你在辦公室等著，九點半出發，你到處跑什麼跑？」小陳也火大了，不是還不到九點半嗎？但還是忍住，沉默著聽關廠長「發威」。

聽到關廠長接下來的話，小陳才知道，原來是總工程師住院了，翻譯也因事不能來，如果因為延後談判，對方可能會去找新的合作夥伴。廠長為此事很著急，知道這個情況後，小陳原諒了關廠長的發火。「您對這個專案熟不熟悉？」小陳問。「主要內容清楚，有些細節不很熟悉。」關廠長說。「細節和全部內容我都熟悉，我參與過這個方案的草擬。」小陳自信的說。關廠長眼睛一亮，但馬上又暗了下來：「可是翻譯沒有來啊。」「外商不是美國人嗎？」小陳問。關廠長確定以後，小陳說道：「我認為我辦得到。」小陳覺得沒有必要謙虛。關廠長頓時驚喜萬分，也意識到了自己之前的態度不好。他立刻讓相關人員做好了準備工作，和小陳一起出發了。最後談判成功了，在談判過程當中，小陳又當翻譯、又和老外談技術合作的細節，關廠長把關決斷，配合得十分有默契。由於小陳對對方的情況十分了解，還適當的稱讚了對方的技術成就和經濟實力幾句，對方代表十分高興，翹起大拇指用簡單的華語說：「關先生，我真羨慕您呀！您的祕書才華出眾，年輕有為。」

回公司的路上，關廠長對小陳的表現非常滿意，當他在說著誇獎的話的時候，小陳卻提醒廠長要去醫院探望總工程師，對於關廠長要特地安排犒賞的邀請，小陳也婉言謝絕了。

大家聽說廠裡新來的祕書把廠長制服了，都很佩服她。可是小陳卻認為：主管也是人，在他為難的時候，作為祕書應該親近一點，熱情一點，盡量幫他分憂；在他成功的時候，高興的時候，應該離遠一點、冷靜一點，盡量使他保持清醒。

人際關係的協調是祕書職能的重要方面。本案例主要反映的是祕書與領導者關係的協調。祕書人員與領導者的關係是既對立又統一的：祕書一職源於主管活動的需要而產生，又伴隨主管活動的進行而展開，兩者互補，不可或缺。祕書人員與領導者的關係是一種上下級關係，祕書人員要遵從主管指揮，領會主管意圖，為主管活動服務，成為領導者的得力助手。上述案例中，祕書小陳在追求一致與積極輔佐的原則下，正確處理了與關廠長的關係，積極發揮參謀作用，協助關廠長談判成功。

由此可見，人際關係協調在祕書工作中處於非常重要的位置，所以，祕書人員要加強人際關係協調能力，增強公共關係意識。祕書協調與主管關係的原則有以下幾方面：

（一）從屬原則：從屬原則是指各級行政祕書部門在協調工作中，始終要把自己的角色定位在從屬的位置上。行政祕書部門的地位和性質決定了協調工作的從屬性特點。在辦公室為主管當參謀、提供服務，實際上是協助主管做好協調工作，因此必須擺正位置，做到既主動又不越權越位。在長官確定協調事項後，不偏不倚，充分發揮自覺的能力，在職權範圍內積極主動的做好協調工作；盡量將協調工作完成在相應層次上，最大限度的減少或避免上級主管直接出面充當協調者的情況出現；確實需要主管出面協調的，要事先做好準備，提出解決的預案和建議；協調過程中要及時研究分析動向，準確的為主管提供所需的各項資料、依據；協調後主動做好督促檢查，及時向主管回報落實情況；要嚴格按照主管意圖辦事，對於自己沒有太大把握的問題要多匯報、多請示，不要隨便更改主管的協調意見，不要對重大問題隨意表態，貫徹落實的過程中如遇到新情況，不可自作主張、擅自決定。

（二）服從大局原則。在日常工作中，往往會發生局部利益與整體利益相矛盾的現象，局部利益服從整體利益，是行政祕書部門協調工作的重要原則。有許多事從局部的利益來看是適宜的，是有一定道理的，但是從整體的利益和長遠目標考慮，卻需要局部做出一定的犧牲。因此，在協調過程中，要保持清醒的頭腦，堅持從整體目標出發，說服有關方面從大局著眼，從長遠著想，把各方面的意見統一到大局利益上，統一到群眾的根本利益上，否則，很難實現真正意義上的統一和協調。

(三)平等協商原則。平等協商原則是指行政祕書部門在協調中要始終堅持平等待人，以協商的態度進行對話。行政祕書部門協助主管參與協調工作，它不是安排工作，它與協調對象之間不是領導和被領導的關係。因此，在協調中要立足於一個「商」字，始終以平等的態度進行對話，要以平等的地位與各方面進行商量、溝通，切忌用簡單的、行政命令的方式去解決問題。在各方意見難以達成一致時，還應當認真做好仔細的統整工作，努力協調各方向前看，形成相互尊重、平等協作的氣氛。

(四)分級負責原則。分級負責原則就是指行政祕書部門在協調中要注意將層次區分清楚，充分發揮各方面的作用，依照職責分工，分級做好協調工作，不要把什麼問題都交給主管解決。凡是屬於業務部門職責範圍的事，應充分發揮業務部門的作用，放手讓他們自己去協調；涉及幾個部門的一般性問題，應盡量讓各有關方面自行協調解決，或指定負責的部門協調解決；對於確實需要主管出面協調的問題，祕書人員要詳細了解有關方面的情況，提供有關資料，做好協調方案和預案等基礎工作，及時向主管匯報，並為協調提供妥善的相關服務。

（五）溝通原則。溝通是達到互相理解的重要手段，對做好行政祕書部門協調工作十分重要。

①要加強上對下的溝通，要把上級精神及時向下傳達。

②要加強自身與上下左右的溝通，讓別人了解自己。

③加強下對上的溝通，掌握各部門的情況，及時向上反映。

（六）服務原則。把服務寓於協調的完整過程。

①認真負責，不要事不關己，隔岸觀火，麻木不仁，敷衍搪塞。

②謙虛謹慎，不能居高臨下，盛氣凌人，動輒訓人，要態度誠懇，與人為善，營造和別人協商共事的氣氛。

③熱情周到，對協調對象的意見和想法要認真聽取，能答覆的就及時答覆，不能答覆的要請示主管，然後進行處理。

（七）政策原則。協調工作要以公司政策為依據，要依靠政策，運用政策，發揮政策效力。

（八）調查研究原則。行政祕書部門在協調中要注意調查研究，堅持實事求是，一切從實際出發。調查研究是協調處理問題的基礎，在進行協調工作之前，必須認真調查研究，掌握第一手資料，弄清楚矛盾的焦點及來龍去脈。對各方面提出的意見、陳述的理由，都要本著實事求是的態度進行認真分析，掌握其規律，然後才能依據相關政策和法律提出合理、可行的協商意見，做出協調決定。如果情況不明，是非不清，不了解各方面的要求，不研究和判斷矛盾的性質，不分析矛盾對大局所產生的影響，是很難使協調工作好好進行的，即使進行了協調也是很難做到公正的、公平的。

巧妙化解矛盾和衝突

由於職場的競爭很殘酷，在同一個組織中，同事之間存在矛盾和敵視是很正常的事情。祕書在主管身邊工作，由於身分和工作性質的特殊性，祕書之間存在著矛盾和競爭是在所難免的。關鍵是如何處理好這些矛盾和衝突，如何進行正當的競爭，化解一些不必要的矛盾。

謝曉萱是一個漂亮聰明的女生，今年大學畢業後應徵到一家公司上班，在總經理辦公室當祕書。她同學開玩笑說：「喲，小謝當宮了，祕書相當於經理啊。」謝曉萱聽了心裡也覺得意氣風發的。然而，謝曉萱從上班第一天開始，就感覺很難受。原來，她們辦公室還有一位叫韓靜的祕書。這位韓祕書比她早來兩年，自覺資格比她老，對她不苟言笑，經常使喚她做這個做那個，對她做的事情挑三揀四，指派給她一堆跑腿的工作，但是有一個地方不讓她去，就是總經理的辦公室。謝曉萱一開始很委屈，很氣憤，很想質問她憑什麼這樣對待她？想跟她大吵一架，辭職而去。但謝曉萱生來是個好強的人，轉念一想，這也許是個挑戰，我一定把工作做得更好，讓韓祕書也不得不滿意。所以，在之後的工作中，謝曉萱更努力，早來晚走，各項工作也做得有條不紊。

有一次，韓祕書又讓她去跑腿，叫她過來遞給她一份合約，交代道：「這是一份很重要的合約書，你馬上按照這個地址用快捷寄出去。」謝曉萱不敢怠慢，趕緊搭計程車到郵局。郵局裡人很多，在排隊等候的過程中，她不經意的看了一下合約的內容，忽然發現合約內容中，貨款總金額的大小寫互相不符合。貨款總金額的小寫是 280000.00 元，而貨款總金額的大寫卻是貳佰捌拾萬元。謝祕書生怕數錯了，仔細的數了好幾遍貨款小寫的那幾個「0」，結果的確比大寫少了一個。謝曉萱心想是韓祕書小寫少打了一個「0」呢？還是大寫打錯了呢？現在謝曉萱內心很糾結，把合約書就這麼寄出去，合約內容有錯誤，可能會對公司造成不利影響，韓祕書也會因此受到嚴厲批評。如果不寄出去，想想韓祕書那可惡的嘴臉，真想就這麼寄出去算了，讓她嘗嘗挨罵的滋味。內心掙扎了半天，最後，謝祕書還是決定不寄了。

她回到公司馬上去找韓祕書，韓祕書正在總經理辦公室幫總經理整理文件，謝曉萱把她叫出來時她很不耐煩，說：「找我什麼事？合約書寄出去了嗎？」謝曉萱說：「還沒寄出，因為合約金額列印有錯誤。」韓祕書不相信的說：「不可能，我不可能打錯，一定是你看錯了。」謝曉萱說：「的確錯了，不信你看。」韓祕書拿過合約仔細一看，還真是錯了。

這件事情過去了兩天，謝曉萱突然接到韓祕書發的簡訊：「這次多虧了你，真謝謝你！」謝曉萱很驚訝，馬上回了個簡訊：「應該的，我們應該互相幫助。」從這件事後，韓祕書對謝曉萱的態度澈底改變了。

衝突是不可避免的，即使是最老實的人也不例外。但是，有衝突就一定是壞事嗎？當然未必。只要能夠及時化解衝突，就能化害為利。

一般來說，化解辦公室衝突主要有五種方法：

一、退卻迴避法

這種策略的主旨是對衝突置之不理，以期不了了之。奉行這一策略的人會不惜一切保持中立態度。他們認為，衝突不過是一種毫無價值的懲罰行為，只會帶來無謂的損失。因此，他們竭力置身事外，不聞不問，對捲入衝突的人員和相關工作漠不關心，一心只想別牽涉到自己就行。

我們前面提到過，衝突就是矛盾，哲學上講矛盾有很多種：有主要矛盾、次要矛盾；針對一個矛盾具體來說，有矛盾的主要方面和次要方面。矛盾的主要方面決定了事物的性質，主要矛盾對事物的發展有著主導性的作用，次要矛盾卻沒有，但是次要矛盾卻可能轉化為主要矛盾。

正是因為這一哲學原理，所以對待有的矛盾可以採取暫時迴避的態度，主要是指那些不重要的、非主要的矛盾。

比如說：你在辦公室和同事之間因為一些個人興趣、性格不同，形成了一些小的矛盾，這種矛盾並沒有影響你們之間在工作上的合作，那麼對於這樣的矛盾，你不妨採取退卻迴避的方法，以期把工作的重點放在別的更重要的問題上。

當然，我們也提到了，次要矛盾可能轉化為主要矛盾，所以該策略的不足之處是只能暫緩人們直接的、面對面的衝突，也可能帶來某些隱患，這是需要注意的。

那麼，哪些情況需要採用退卻迴避法呢？

衝突起因是瑣碎事；衝突各方缺乏雙贏協商技巧；在衝突帶來的潛在利害中得不償失；沒有

足夠時間解決衝突。

二、安撫遷就法

在辦公室可能有這樣的情況：你的同事之間存在著矛盾，你自己本身並沒有捲入矛盾當中，但是作為同事，有很多場合也要求你面對別人之間的衝突，甚至是在同事間做出某種選擇，你該怎麼辦？

這個時候，安撫遷就法可以說是一種不錯的選擇。聽起來有點像是要你做個「和事佬」，沒錯，正是這樣。因為你不在衝突中，沒有必要對這樣的衝突過於重視，但是為了不引起衝突雙方對你的不滿，而你又需要表態，所以只好這樣做。

比如說：辦公室裡A與B有矛盾衝突，經常出現爭執。他們常常會分別來向你傾訴，最好的處理方式就是你分別安撫遷就他們。當某一件事情僵持不下的時候，他們也許會要求你當著他們的面，立即做出一個決斷，他們實際上只是想為自己尋找一個幫腔的人，為了避免得罪兩個人，你最好也採取安撫遷就的策略。

這種做法的缺陷在於：它只是權宜之計，有點像杯水車薪一樣無濟於事。而且有可能讓人有一種「牆頭草」的感覺，因為同事有時候會希望你能夠態度鮮明的對待他們的衝突。

一般來說，出現下面情形時最好採用安撫遷就法：無關痛癢的問題；關係的損害會傷及衝突各方的利益；有必要暫且緩和衝突以便取得更多資訊；衝突雙方情緒太過激動，無法取得進展。

三、妥協法

有的時候，你可能已經處於衝突中的一方。在這個時候，也許你會這樣認為：當置身於辦公室衝突的時候，自己最好是永遠不妥協的那一方，堅持自己的立場。這種觀點從感情上來說是可以理解的，但卻不是理智的方法。

因為發生衝突的原因很多，你應該問自己：

我是不是仔細分析了原因？

我是不是對解決衝突抱有建設性的態度？也就是說，是不是真的希望解決衝突？

如果是，你就應當考慮在必要的時候妥協。而在你真的犯了錯誤，真的有不對之處的時候，一定要考慮妥協。

妥協會使你暫時看起來沒有面子，但是從長遠來說卻是很好的。另外，如果作為矛盾一方的你先妥協了，也許會帶動對方妥協，這樣會使你們的衝突很快得到化解。

在下列這些情況下適合做出妥協：如果妥協能使雙方都獲益；無須理想的解決；只是想為複雜的問題找一個暫時的解決方案；雙方力量旗鼓相當。

四、硬逼決戰法

如果問題是很嚴重了，達到了激烈衝突的地步，而你又身處其中，就需要採取硬逼決戰法了。

前面說過，矛盾有主要矛盾。現在你面臨的衝突，也許涉及到你的原則，也許涉及到你的根本利益，你絕無妥協的可能；同時，對方也拒絕妥協，怎麼辦？衝突必須得到一個解決，而且越早越好。

這時候，你就可以考慮此種方法了，即使可能你將受到很大的傷害，但是也比拖著事情遲遲不解決的好。這就是所謂的大家「公開攤牌」，即採用硬逼或決戰方式解決衝突。對於某些人而言，達到自己的目的比關心他人更重要，而且採取強硬手段爭取自己想要的東西沒有什麼不妥。在他們的眼中，衝突就是要一決勝負，就是要讓對手輸給自己；除非有高於他們的仲裁力量，否則，他們不會服從於仲裁。

但是，採用這一策略的時候，你一定要慎重，因為這意味著絕無迴旋的餘地。另外，還須考慮輸家的情緒，他們可能一有時機就會報復。

下面這些情形適合使用這種方法：需要迅速行動和當機立斷；衝突各方都強調實力且態度強硬；衝突雙方均認可強權關係。

五、解難協作法

這可能是一種最好的方法了。因為這種方法對人和結果同樣重視。只要開誠布公的予以處理，產生衝突也有好處。在用這種方法解決問題時，你要努力尋求群體共識，而且也要任勞任怨。

但是，這種方法很耗費時間。如果當時的情形要求快速決斷，你就只能採用強逼決戰的策略了。

在以下這些情形下運用解難協作法較為有效：捲入衝突的每個人都具有良好的理性；對待衝突的解決都抱有建設性態度；都願意真心誠意的解決衝突，衝突雙方有共同的目標；衝突的原因是雙方缺乏交流或僅僅是因為有誤解。

當然了，如果衝突對方缺乏理性，對衝突的解決並無建設性的態度，他們所想的不是解決衝突，而是希望你無條件的妥協。比方說，某人執意採取強硬手段來解決問題，你只能慢慢引導對方尋求解決方案，或者只能改變策略。

不同的主管，不同的應對方式

范小雲是一家房地產公司的祕書，已經工作多年，並且工作一向認認真真、兢兢業業。

小雲的經理是個依賴型的人，而小雲能把需要為主管安排的事情做得井井有條，細膩入微。一些文件、報告經過她的認真處理之後，減輕了主管的壓力，主管感覺非常輕鬆，所以對她也特別滿意。今年公司新換了一個王經理，聽說比較挑剔，所以同事們都認為范小雲經驗豐富，將與王經理有關的工作都推給了她。

某日，即將要被公司收購的一家房地產公司送來了一份公司經營報告。范小雲接手之後，發現報告寫得不成章法，破綻百出，於是做了一番潤飾，然後交給了王經理。出乎她意料之外的是，王經理先是問了她一句：「這份報告是那家公司的原稿嗎？」看她搖頭之後接著說：「請報告負責人明天口頭匯報吧。」雖然王經理沒有多說什麼，但是從他不快的表情，范小雲知道自己做了一件很幼稚的事情。她用自己原來的思維方式處理了這件事情，卻反而犯了一個很大的錯誤。她立刻微笑著對王經理說：「很抱歉，王經理，我修改了原稿。不過我的電腦裡有原稿底樣，我可以立刻列印好給您。剛才我自作主張，是我的失誤。」當她把原稿放到王經理面前的時候，她看見了王經理的臉色由陰轉晴，心裡才稍微放心。從此之後，對於交給王經理的資料，她從不敢擅自修改，而且對一些事情的處理並不過多的發表意見，從而獲得了王經理的信任。

不同的主管，有自己不同的思維方式和工作習慣，對於祕書的要求也不一樣。有些主管喜歡包辦型的祕書，喜歡祕書替自己打理好一切。有些主管有自己的主見，不喜歡祕書過於干涉自己的工作，僅僅需要祕書發揮輔助作用。身為祕書不能強求，只能夠要求自己盡可能的去適應主管。本案例中的范小雲能夠根據主管的反應，及時調整自己的行為，是一種成熟的處理方式。所以，做好祕書工作的關鍵是多用心，要分清楚主管的類型，針對不同類型的主管進行不同的應對方式。

一、能力平庸的主管

平庸的主管具有的共同特點是：能力差卻事事都想插手；決策武斷，聽不進建議；水準不高卻擔心身邊的人看不起他；成績不多因而常爭搶下屬的功勞。

大多數人都不希望自己成為平庸無能主管的部下。但是，遇上這樣的主管也是無奈的選擇，所以你作為他的下屬，最好的辦法是「既來之則安之」，與其輕蔑他，不如善待他。

（一）善於在弱將手下當強兵

一般的情況是強將手下無弱兵，一個人在能力強、領導有方的環境中會成長得快、進步得快。實際上，對一些能力強的祕書而言，在平庸無能的主管手下更能春風得意的表現自己，如果接受有能力長官的指揮，可能發揮不出自己的能力和價值。

在歷史上，劉禪有「扶不起的阿斗」的醜名，是個典型的平庸型主管，基本上不懂得治國方略，完全依賴諸葛亮出謀劃策。而諸葛亮上通天文，下曉地理，對治國安邦、指揮作戰、發展經濟都很有一套辦法。諸葛亮的才能之所以發揮得如此淋漓盡致，與他遇到了兩位能力平平的君主和所處的寬鬆環境有關。如果諸葛亮跟隨曹操，曹操肯定不會把軍政大權讓他「一把抓」，歷史上的諸葛亮恐怕也就不存在了。古今中外有許多這樣的事例，主弱臣強，將弱兵強。

(二) 期望值要合理

作為一名祕書，對平庸無能的上級往往是「希望越大，失望越大」。因此，應將期望值定得合適，不要太高，不要超過其自身能力所能達到的限度。

(三) 積極扶助主管，為他出謀劃策

平庸無能的主管，通常決策水準也不高，拿不出好主意，易受下屬影響，忠誠為之獻策獻計的人，往往能受到他的重用。

這類主管在遇到棘手問題而束手無策時，很注意留心觀察得力下屬的反應，對那些袖手旁觀、不替自己分憂解難的下屬會記恨在心。平庸無能的主管最忌諱下屬對工作不盡心盡力，痛恨下屬看自己的「笑話」。

平庸無能的主管能夠升到主管的位置，必然有他的理由和根據。他有些缺點是可以克服的，但有些弱點並不是能夠彌補的。你作為他手下的祕書，應該體諒他的苦衷，盡力協助他把工作做好，把事業做大。

二、傲慢型主管

傲慢型主管脾氣暴躁，自認為高高在上，手握生殺大權，因而把下屬當做傭人看待。總是威風八面、架子十足，不僅口氣粗暴，而且言辭也充滿悍氣。

應當說，這樣的領導作風，是需要批評的。不過，與這種主管相處，祕書應注意以下幾點。

（一）以迂為直，棉裡藏針

祕書可以避開不利條件下的衝突，巧妙周旋，外柔內剛，棉裡藏針。當然，主管並非是敵人。但對付鋒芒畢露的主管，這無疑是有效策略。

當你被主管批評時，無論你是對是錯，都不要與他當面衝撞，你的解釋和辯白只能使雙方的關係進一步惡化。對於他批評你錯了的地方，你應該等他怒氣消盡後，再找機會解釋。

同樣的，當你和主管就某一問題產生分歧時，據理力爭是最愚蠢的方法。你應以迂為直，用商量的口氣試著與主管交談，變自己的想法為主管的想法，到最後使主管這樣認為：「我原本也是這樣想的。」達到這種效果，才是最為高明的，通常你的建議也會被他採納。

（二）替主管搭台，請他唱戲

這種主管往往表現欲極強，在他自己盡展才華時非常渴望別人的掌聲。

作為一名聰明的祕書，你應為他創造「唱戲」的機會，讓他盡情表演。比如在某個不太重要的會議上，正事談完之後，你不妨找個話題做引線，讓主管開始發揮，或在主管對某事發表所謂的高見時，你無妨真心的讚揚他幾句，但要注意一定要恰到好處。這樣，祕書就會在他眼裡留下一個善解人意的好印象。

（三）泰然處之

當主管無緣無故大動肝火時，只要自己沒犯錯誤，沒有把柄落在主管手裡，你就不要表現得驚慌失措。你儘管做你自己的工作，對他的咆哮充耳不聞。

三、疑心重的主管

有的主管疑心很重，一般表現為：過度警惕，對祕書的一言一行都琢磨再三；不信任別人，凡事都要問個究竟，懷疑別人背著自己說壞話；與同事的感情時好時壞；缺乏自信。那麼，祕書應當如何與疑心重的主管相處呢？

（一）做事要小心謹慎

凡事都要再三斟酌，從主管的角度考慮，是否有破綻或漏洞，是否有引起主管不放心的地方。如果祕書小心謹慎，沒有能被稱之為過的地方，那麼多疑的主管看到他做事謹言慎行，一絲不苟，處處都讓他安心放心，他的疑心自然會消除不少。

（二）多匯報，多請示

疑心重的主管常常顧慮祕書在忙什麼？交辦的事情進展如何？在執行任務過程中做了什麼手腳？這些疑問都是主管常常掛在心上的，疑心重的人對這些問題更是經常琢磨和思量。

與這樣的主管相處，聰明的下屬在做事的過程中，並不是一味去做事，而應同時考慮：「主管現在想了解哪些情況？我該如何匯報才能讓他放心？」

匯報、請示是最能使主管放心、不至於產生過多疑慮的方法，多匯報和常請示，你就能明哲保身，高枕無憂了。反之，少匯報、少請示的祕書容易引起主管的猜疑顧忌。

（三）善於替疑心重的主管加油打氣

主管疑心重，通常是由於缺乏自信心、底氣不足引起的，需要在關鍵時刻得到下屬的激勵，消除過重的疑慮。主管思考問題時，因為站的角度不同，思考不夠全面，所以顧慮多、疑問多，需要深謀遠慮的人替主管釋疑，鼓起主管的勇氣。因此，祕書應常常替這樣的主管加油打氣，才更易於獲取主管的賞識。

如何面對難相處的同事

一家汽車公司的部門辦公室在暑假的時候，安排所有的人員外出旅遊。七月的避暑山莊，花團錦簇，綠意盎然，大家玩得也都非常盡興。前往的時候，主管的車和職員的車是區分開的，但是由於總經理臨時有事情離開，因此回程時，其他的副總和大家都坐到了兩輛豪華多人座小巴士中。當大家遊覽避暑山莊某寺廟的時候，祕書小黃恰巧不太舒服，所以留在了車上。臨下車的時候，李副總經理指著小黃旁邊比較前面的位置說：「我有些暈車，這個位置等一下你幫我留著，別讓別人坐。」大家遊玩之後，陸續回來。辦公室的李姐第一個上車，一下子就坐到了李副總預留的位置。小黃急忙說：「不好意思，李姐，那個位置是李副總經理的，他有些暈車，所以預留了那個位置。」「哼哼，倒是很會拍馬屁呀。還不是想離上司近一點。」

李姐悻悻的走開了，滿臉的不高興。小黃當時很後悔，因為李姐在公司裡的刁鑽自私是很有名的，誰如果損害了她的利益，肯定是要被她非議或者在背後修理的。但是當時如果不說，李副總就會很不高興。在之後的日子裡，只要看見小黃，李姐就會哼一聲然後走過去，或者瞥一眼，露出不屑一顧的神情。其他人不知原因，還問小黃怎麼得罪她了。小黃一笑而已，既不解釋，也沒表示出任何不快。一個月之後，李姐患乳腺癌住院，很多人都不願意去探望她。小黃知道之後，買了鮮花和水果去醫院探望。當時，李姐落下淚水，對自己曾經的狹隘表示道歉。小黃微笑著表示並不介意，並且請李姐好好養病，需要幫助的時候不用客氣。

當李姐再次回到公司上班的時候，她對小黃的態度有了一百八十度大轉變，什麼事情都盡力去幫，兩個人的關係也有了良好的發展。不過小黃對她依然不冷不熱，既謙虛有禮，又保持距離。

人都是有個性的，不同的人，有不同的個性。如果祕書善於和各種不同性格的人應對，同事之間就會減少一些疙瘩，大家相處得就會更加融洽，工作起來就能相互協調。優秀祕書應盡量學會和各種不同性格的人打交道。

那麼，優秀祕書應該如何和不同性格的同事相處呢？

一、如何與口蜜腹劍的人相處

對付口蜜腹劍的同事，優秀祕書最簡單的應付方式是裝作不認識他。每天上班見面，如果他要親近自己，就找理由馬上閃開。能不做同一件工作，盡量避開不要和他一起做，萬一避不開，就要學著寫工作日誌，每天檢討自己，留下工作紀錄。

二、如何與尖酸刻薄的人相處

尖酸刻薄型的人，是較不受人歡迎的。

他的特徵是和別人爭執時往往挖人隱私、不留餘地，同時冷嘲熱諷，無所不用其極，讓對方自尊心受損、顏面盡失。

尖酸刻薄的人，天生伶牙俐齒，得理不饒人。

遇上尖酸刻薄的同事，優秀祕書相處的技巧是：

（一）和他保持距離，不要惹他。

（二）萬一吃虧，聽到一兩句刺激的話或閒言閒語，就裝作沒聽見。

千萬不能動怒，否則，是自討沒趣，惹麻煩上身。

三、如何與挑撥離間的人相處

尖酸刻薄是損人不利己，挑撥離間則會將部門單位弄得人人自危，人人明爭暗鬥。

優秀祕書應付這類型同事的訣竅是：

首先，要注意謹言慎行，和他保持距離。

其次，要在部門單位內建立個人信譽，使他挑撥不成。

再次，萬一有一天，有什麼是非發生，應盡量化解，虛心忍耐。同時要保持寬廣的心胸。

第四，最重要的是聯絡其他同事，建立起同盟關係，將他孤立起來，如果他向任何人挑撥或離間，都不要為之所動，盡可能不受影響。

四、如何與翻臉無情的人相處

這類型的人最大的特徵是，說翻臉就翻臉，一翻臉就什麼都不顧。

翻臉無情的人多是忘恩記仇的人。儘管人家對他好，但是只要一件小事不順他的心，他就馬上翻臉。

對付翻臉無情的同事，優秀祕書的做法是：

（一）先「留一手」，化被動為主動。

（二）沒有利害關係時，各做各的事，要翻不翻隨便他。

五、如何與憤世嫉俗的人相處

這類型的同事，往往對社會上的一些現象非常的看不慣，認為社會變了，世風不古，人心越來越惡，快要活不下去了。

和憤世嫉俗的人共事，談不上是好還是壞。

首先，對憤世嫉俗的同事，優秀祕書要勸他多吸收新的知識，改變思維和認知。

其次，告訴他現在社會進步了、風氣開放了，他的那一套理論已經過時了，要打包起來。否則，會跟不上時代。

再次，告訴他要是罵得不得要領，他會被取笑，你也失面子。

六、如何與躊躇滿志的人相處

躊躇滿志的同事，對任何事物都有他自己的定見。

他之所以會躊躇滿志，是因為一直處在一種人生極順遂的狀況下，或者得到了上級的青睞。他不會接受別人的意見。

優秀祕書與這類同事相處的技巧是：

(一) 在他的面前不要亂出點子。

(二) 盡量照著他的意思去做。

(三) 在他嘗到一些失敗的苦果時，真誠的幫助他。

七、如何與心胸狹窄的人相處

心胸狹窄的人，其基本的心理特徵有二：

一是容不得人。

二是容不下事。

心胸狹窄的人，嫉妒比自己強的人，又看不起不如自己的人。他們生性多疑，一點小事也常常把他們折磨得吃不好睡不好。

優秀祕書如何與心胸狹窄的人相處呢？

（一）要有大度的氣量。

與心胸狹窄的同事相處，肯定會發生一些不愉快的事，如果缺乏胸襟，與之斤斤計較，就無法相處。相反的，如果氣量大度，胸懷寬闊，就會使那些不愉快的事化為烏有。同時，對心胸狹窄的同事也是一種教育。

優秀祕書如何才能有氣量呢？

高爾基說過：「一個人追求的目標越高，他的能力就發展得越快。」優秀祕書要有遠大的目標和理想，不與他人計較，從個人的恩怨中解脫出來，重事業，輕小侮。

假使對方因心胸狹窄，做出對不起自己的事，優秀祕書應從有利於工作和團結的大局出發，能諒解的就諒解，能忍讓的就忍讓，不為個人而斤斤計較或耿耿於懷。

（二）優秀祕書要有使自己超越於心胸狹窄之人的氣度。這裡所說的超越是在心理上堅持自己比他強，在事業上比他做得好，在人際關係上比他善於處理。

（三）要有忍讓的精神。

同事因心胸狹窄，做出了對不起自己的事來，應該忍讓。忍讓，絕不是軟弱，而是心胸寬闊、風格高尚的表現。

優秀祕書提倡忍讓，並不意味著放棄原則。

心胸狹窄的人極容易錯誤的判斷形勢，錯誤的對待人和事，因此，對心胸狹窄的人發揚忍讓精神，絕不意味著遷就他的錯誤。

優秀祕書對心胸狹窄的同事予以忍讓，但對他的錯誤思維和行為絕不遷就，這才是忍讓的正確概念。

八、如何與城府深的人相處

所謂城府較深的人，指的是那種不願讓別人輕易了解其心思，或知道他在想什麼、有什麼要求，而且總是透過各種方式保護自己，深藏不露的人。

這樣的同事往往說話不著邊際，對任何問題都沒有明確的表示，經常是含糊其辭，顧左右而言他。

與這樣的同事打交道和共事，常常是很難溝通的。

一般來說，城府深的人通常有以下幾種情況：

首先，他可能是一位工於心計的人。

這種同事為了在與別人打交道時獲得主動，或者出於某種目的，不願讓別人了解自己，而把自己保護起來。而且，他還總希望自己更多的了解對方，從而在各種矛盾關係中周旋，使自己處於不敗之地。

其次，他也可能是一位曾經有過挫折和打擊，並受到過傷害的人。

過去的經歷使這種同事對社會、對別人有一種十分強烈的敵視態度，從而對自己採取更多的保護。

再次，他可能對某些事情缺乏了解，拿不出有價值的意見。在這種情況下，為了掩飾自己的無知，從而以一種不置可否的方式，含糊其辭的語氣與人應對，並裝出一種城府很深的樣子。

優秀祕書與城府深的同事相處的技巧是：

（一）對於第一種人，應該有所防範，警惕不要為之所利用。不成為某人的工具，不要讓他完全得知自己的底細。

（二）對於第二種人，則應該坦誠相見，以誠感人。這種同事的城府深並不是為了害人，而是為了防人。所以，對他不應有什麼防範，為了真正達到溝通的目的，甚至可以不保留的對他敞開你的心扉。

（三）對於第三種人則不要有什麼太高的期望，也不必要求他提供某種看法或判斷。

總之，面對那些城府較深的同事，如果不得不與之打交道，優秀祕書則應該對他們加以區分，看看是屬於哪一類人，然後確定自己的行為方式。

九、如何與對自己有意見的同事相處

一個祕書要想做到在工作中面面俱到，誰也不得罪，誰都說你好，恐怕是不可能的。因此，在工作中與其他同事產生種種衝突和意見是很常見的事。

那麼，對於那些對自己有意見的同事，優秀祕書要不要繼續和他們來往與合作呢？

首先，同事之間儘管有矛盾，也不可能不來往的。

任何同事之間的意見往往都是起源於一些具體的事件，而並不涉及個人的其他方面。事情過去之後，這種衝突和矛盾可能會由於人們思維的慣性而延續一段時間，但時間一長，也會逐漸淡忘。所以，頂尖的祕書不要因為過去的小意見而耿耿於懷。

優秀祕書不把過去的事當一回事，對方也會以同樣豁達的態度對待你。

其次，即使對方仍對自己有一定的成見，也不妨礙優秀祕書與他的往來。因為在同事之間的來往中，不是追求朋友之間的那種友誼和感情，而僅僅是工作關係。彼此之間有矛盾沒關係，只求雙方在工作中能合作就行了。

由於工作本身涉及到雙方的共同利益，彼此之間如何合作，事情能否成功，都與雙方有關。如果對方是一個聰明人，他自然會想到這一點，這樣，他就會努力與你合作。如果對方執迷不悟，不妨在合作中或共事中向他點明這一點，以利於相互之間的互動。

最後，對自己有意見的人，他也會察覺出對方對他有意見。只要雙方都不是那種古板固執的人，實際上也都想透過某種方式和解，因此，這種關係不僅是可行的，也往往還是必要的。

十、如何與利用你的同事相處

同事之間少不了互相幫助。但是，有些人在與人來往時，卻往往具有十分明顯的功利性。對他有用，能幫助他解決問題，或具有某些他可以利用的關係，他才與對方互動。

作為一位主管的祕書，常常是這類同事利用的對象。當知道某個同事在與自己互動中是帶有這種企圖利用自己的動機時，優秀祕書該怎麼辦呢？

一般來說，不必因為發覺對方的這種動機而與其不打交道。不必感到氣憤，只須適當的拿捏這種互動的程度和分寸即可。

優秀祕書應該區分這種利用的目的和性質。

如果對方故意和自己套交情，拉關係，是為了拉幫結派，或者說是為了達到不光彩的目的，在這種情況下，應該及時的予以回絕和抵制。千萬不要被某些人當猴子耍。

如果他僅僅是想藉自己的某些優勢和關係，為他自己解決某些現實的困難，則可以非常自然的保持正常的互動，合理的要求可以滿足，不合理的則拒絕。

十一、如何與虛偽高傲的同事相處

虛偽高傲的人總是追求片刻的榮耀，而沒有其他渴求。自己高傲自大，擺架子，相當自我。這種人過分注重、珍視虛榮，誇誇其談，自我吹噓。

對於虛偽高傲的同事，優秀祕書應將他各方面的表現綜合起來，加以品評、判斷，以明瞭他的真實情況。

這樣做，一方面可以對他有個正確的評價，可以免除對他的失望，另一方面也省得讓他不良的動機得逞，妨礙工作。

有些同事是很有發展前途的，只是由於種種原因使他們自覺技不如人，相反的就表現為一種驕傲的心理思維和舉動。

對待這類同事，優秀祕書與之相處的技巧是什麼呢？那就是相信他，對他表示信賴，並在適當的場合給他一點取勝的機會，讓他把自己的自信心建立起來，使他養成好的習慣，以代替那種為滿足自己虛榮心而表現出來的盛氣凌人的傲慢態度。

高傲自負的人，通常都有一顆纖細的心。因此，他們需要心理補償。對待這類人，絕不能簡單粗暴，要給他表現自己真實才華的機會，要讚頌他、鼓勵他、肯定他。

另外，還有一種自負的同事，那就是傲慢驕縱。他無論到什麼地方，總是認為「人不如我」。這種人自以為其他同事都不如自己。那麼，優秀祕書如何對付這樣的人呢？

有位名家說得好：「有許多人，讚美他不免是件危險的事，因他自命不凡，一經抬高，他就要跌得粉碎。狠狠的揍他一頓，也許是良策益方。」

十二、如何對付同事的惡意攻擊

在工作中，優秀祕書常常因為處在上級身邊，得到主管青睞，而容易遇到惡意攻擊。

在這種情況下，要不要針鋒相對的予以回擊呢？

優秀祕書的做法是：

（一）應弄明白自己所遇到的是不是真正的攻擊。

在工作場景中，下面幾種情況很容易被誤認為是攻擊。

1　由於對某種事物持不同的看法，對方提出了相當強硬的質疑或反對意見。

這時，如果能夠給予必要的解釋和說明，矛盾很可能會得到很好的解決。

2　由於自己對某事處理不當，而對方在利益受損的情況下表示不滿，提出抗議。如果的確是自己處理不當，或雖並非失誤，但確實有不完善之處，而對方又言之有理。那麼，儘管對方在態度和方式上有超出常理的地方，也不能看成是攻擊。

3　由於某種誤解，致使他人發脾氣，或出言不遜。在這種情況下，要耐心的、心平氣和的把問題加以澄清。

優秀祕書判別與區分真假攻擊的不同，就可考慮和選擇自己的行為方式。

（二）對他人的攻擊採取寬容大度、不屑一顧。

即在確定他人是對自己進行惡意攻擊時，優秀祕書也不必統統都給予回擊。在與同事的互動中，優秀祕書對付惡意攻擊，最好的方式莫過於不理睬他。如果不理睬他，他仍不放鬆，那也不必硬碰硬，因為硬碰硬恰恰是「正中下懷」。因為那些喜歡攻擊他人的人，大多是些缺德少才的人。你硬碰硬，他不僅喜歡奉陪，還頗會戀戰，非把你拖垮不可，所以在這種時候，應果斷的甩袖而去。

十三、如何應對排擠你的同事

（一）要敏銳發現同事排擠你的跡象。

如果有一天，優秀祕書發現同事突然一反常態，不再對自己友好，事事抱著不合作的態度，處處針對自己設難題、刁難自己，使自己出洋相，或者看自己的笑話，那就得當心了。因為這些訊息傳送了一個危險信號：同事在排擠自己。

（二）尋找被同事排擠的原因。

優秀祕書被同事排擠，必然有其原因。一般來說，原因有以下幾種：

① 近來連連被稱讚，招來同事妒忌。

② 剛到公司上班，有著令人羨慕的優越條件。包括高學歷、有家世背景、相貌出眾等，有讓同事妒忌的特點。

③ 被主管特別看重，關愛有加。

④ 言談過分，愛出風頭，而令同事卻步。

⑤ 過分討好長官，而疏於和同事互動。

⑥ 妨礙了同事獲取利益，包括晉升、加薪等可以受惠的事。

（三）應對策略。

① 如果是屬於第一種、第二種情況。

這些情況也很自然，所謂「不招人妒是庸人」，能招人妒忌也不是丟臉的事。優秀祕書只要平日對人的態度和藹親切，同事們發覺他也是一個老實人，久而久之便會樂於和他互動。

另外，可培養自己的聊天魅力，透過聊天改變同事對自己的態度。

② 如屬於第三種，等有機會時，向同事多表示一些謙虛。

③ 如果是屬於第四種、第五種原因，應該反省自己。

因為問題是出在自己身上，要想讓同事改變看法，只有自己做出改善。

1 平時不要亂發表一些驚人的言論，要學會當聽眾。

2 言行衣著也應切合身分，不要招搖，不要過分突顯自己。愛出風頭，就會引來同事們把你當成敵對的目標。

④ 如果是屬於第六種，要注意自己做事的分寸。升職、加薪、工作環境改善，甚至主管的一句口頭表揚，都是同事們想獲得的獎勵，爭奪也就在所難免。

能夠獲利當然令人嚮往。但是，作為一位優秀祕書，做人不要把利看得太重，更不要和同事爭名奪利。在遇到這類事情時，該讓就讓，可以擺出一副高姿態來。

誠懇主動道歉

作為祕書，在與上司往來時，難免說錯話，做錯事。人非聖賢，孰能無過？如果我們能及時說聲「對不起」，真誠的向上司道歉，往往能把大事化小，小事化無。在求得上司原諒的同時，還達到了溝通的效果。

送邵奶奶到大門口，回來剛出電梯口，值班祕書就指著小華對一位客人說：「這位就是孫總的祕書，由她帶你去孫總的辦公室吧。」

小華腦子裡一閃，孫總今天上午沒約任何客人，這位客人是哪裡來的？

第四章　溝通藝術，做優秀祕書必備的能力

誠懇主動道歉

在小華納悶時，客人朝小華微微一笑：「給你添麻煩了，不好意思。」客人也就二十幾歲，很有精神，跟一部記不起名字的電視劇裡的演員長相非常相像。臉上雖帶著歉意，但笑容很燦爛。於是小華帶路領著客人到了孫總辦公室。

十二點整，小華正準備起身下樓吃飯，孫總來電話讓小華去他的辦公室。小華一進門，孫總就朝小華大發雷霆：

「小華，你今天是怎麼回事！你居然帶一個賣保險的人到我辦公室來。她死纏爛打，浪費了我整整一個上午！」彷彿有顆原子彈在小華頭頂上爆炸，小華眼前一陣發黑，眼淚差點就掉下來了。

小華定了一下神，馬上說：「孫總，實在對不起，這是我的失誤。」

孫總見小華這樣，似乎也意識到他自己有點失態，便朝小華揮揮手：「下次別再做這樣的事了。」

從孫總的辦公室出來，小華馬上跑進洗手間。小華的眼淚實在忍不住了，乾脆讓它流個痛快！

小華慢慢把臉上的淚擦乾，朝樓下走去。如果小華當時對孫總說這是值班祕書失誤造成的，把責任往值班祕書身上推，那又會是一種什麼結果呢？小華邊下樓梯邊想。

下午，小華又把中午的事情仔細的想了想。孫總朝小華發火的時候，小華趕緊主動道歉是對的。在當時的情況下，小華如果不趕緊主動道歉，而是說自己太忙，或者找其他什麼藉口替自己辯護，孫總的火氣可能會更大更持久。在當時，孫總實際上根本就不需要什麼理由，他要的就是

發洩！你越向他解釋，他心中的火氣就越大；如果你能給自己找一千個藉口，他就有一千個理由批評你！明明知道自己有了失誤，反而千方百計的替自己找藉口，就像在外面餐廳吃飯，結帳時忘了向老闆要他欠找你的十塊錢，你又花二十元來回搭計程車去要這十塊錢一樣，是非常愚蠢的事。

俗話說：「伸手不打笑臉人。」這的確是一句至理名言。當上司發火時，你趕緊主動道歉，就等於你已經舉起了白旗，對方還忍心對準你開槍？就是兩軍交戰，還有優待俘虜的政策，更何況是上司對待自己的祕書。總之，先把上司的怒火壓下去，把一場可能發生的風暴消弭再說。如果自己真的比竇娥還冤，以後再想辦法為自己「申冤」也不遲。當時不管你怎麼解釋，上司肯定認為你的解釋都是在推卸責任。

其實，道歉並不是一件可怕的事情，道歉是一種智慧的表現。由於你只是偶然的失誤，上司並不會把你怎麼樣。上司發火，也只是一時之氣。上司大都是相當理性的，他們對長期與自己共事的祕書的印象和評價，一般不會只憑這樣一兩件事就發生改變。所以，也就沒有必要擔心自己道歉認錯後會被打入「冷宮」。

向上司道歉時，除了要有誠意外，還須講究一定的技巧和方法，避免不必要的爭吵和衝突。那麼，如何向人道歉才能達到預期的目的呢？

（一）立即道歉。因為時間拖得越久就越難以啟齒，有時甚至追悔莫及。所以，在發現自己的過錯時，立即向上司說聲「對不起」，這才是道歉的最好時機。

（二）有時可避開正面接觸對方，採用多種方式表達你的悔意。如果你覺得道歉的話語一時說不出口，那麼不妨想點其他辦法，讓上司知道你有悔過的誠意。比如託人送件小禮物，間接幫助對方解決某些困難，或者寫封信打個電話等。

（三）道歉時，語氣要誠懇，態度要自然。有些人知道自己的過錯，也有心向別人道歉，但說話語氣在別人聽來顯得不誠懇，態度傲慢。諸如衝著別人說：「對不起，噢！」「我說對不起你還不行嗎？」這樣的道歉不僅不能讓對方接受，相反的，還會引起對方的反感。因此說「對不起」時，要面帶微笑，語氣低緩，使人感覺到你是在真心悔過。有時在「對不起」、「抱歉」前面再加上「很」、「非常」、「實在」、「太」等表示加強的詞語，則更能體現你的誠心。

（四）主動承擔責任。在道歉時，要主動承擔錯誤的責任，說明引起錯誤的原因，但絕不能找藉口，或者把責任推卸給對方，即使自己只有部分責任，也要主動承擔。主動為自己的行為承擔責任，反而會鼓勵對方也承擔屬於他（她）自己的那部分責任。

掌握讚美主管的藝術

人性最大的弱點就是禁不住讚美的話語，對於主管來說更是如此。如果我們能很好的掌握說讚美話的藝術，就能夠更好的加深與主管的關係。說話與辦事是相輔相成的。話說得好聽，說得到位，主管便易於接受我們所提出的條件和要求，否則即便是一件簡單的事情，也容易搞砸。所以，祕書必須要學會說讚美主管的話。

當李丹青被派到人稱「小辣椒」的邢總經理手下做祕書的時候，她的好朋友、關係要好的同事都為她捏了一把冷汗。因為公司裡的人都認為邢總經理這個人雖然美麗能幹，但是為人相當刻薄，尤其對手下的人，更是挑三揀四。李丹青卻不慌不忙，她認為，人心都是肉長的，一定能夠有一把鑰匙打開這把鎖。很快的，她發現邢總經理穿衣打扮非常入時得體，尤其喜歡買新衣服，對鏡一照的時候常常是一種自戀的表情。每次當她看見邢總經理穿新衣服的時候，總是由衷的稱讚。「邢總，您買的這件黑色風衣不僅款式時尚，而且優雅大方，非常適合您的氣質。」「真的？」大多數人對於讚美總是來者不拒的，邢總經理也不例外。

時間長了，李丹青對邢總經理說：「什麼時候您也幫我設計一套適合我的衣服，我太崇拜您的眼光了。」邢總經理也爽快的答應了，並且在恰當的時候，真的和李丹青一起逛街買衣服。

不僅如此，李丹青還稱讚邢總經理的工作能力，發自內心，並且恰到好處。漸漸的，邢總經理臉上僵硬的表情逐漸柔和下來，對李丹青的工作也不那麼挑三揀四了。

讚譽之詞人人都渴求，人人都需要。稱讚上司也有方法和技巧，如果稱讚主管不恰當，反而會弄巧成拙，只落下一個「拍馬屁」的壞印象。稱讚一個人，當然是因為他有出色的表現，但每個人是在哪一方面出色，卻各有不同。有的人是專業技術水準高，工作成績突出；而有的人則在社交方面有特長，擁有與客戶打交道的能力。因此，在稱讚上司時應針對不同的情況，給予不同方式的稱讚。

劉強在某市政府祕書處工作已經兩年了，他工作很努力，能力也不錯，按理說應該得到獎勵和提拔了，但一直沒有，問題就在於：他的努力一直沒有被主管所認可。主管是個很嚴厲的人，劉強心理上有些怕他，又很少和他打交道，甚至路上看到了也會遠遠的避開。而主管似乎對他也格外挑剔，經常都對他的工作吹毛求疵，甚至有時是主管自己的錯誤，也要怪在劉強身上，劉強很是不滿。另外，劉強做出的很多努力，主管都不知道。而對於主管來說，劉強也是個不太令他滿意的員工，雖然他來兩年了，主管卻對他沒有什麼了解。

看到劉強故意迴避自己，主管覺得很不解也很不舒服，甚至萌生了想把他調走的想法。

主管最近出差，要帶幾個員工一起去。在火車上，劉強的座位剛好在主管的旁邊，兩人寒暄了幾個問題後，就陷入了沉默。劉強感到這種大眼瞪小眼的氣氛簡直讓人窒息，一定得說點什麼打破僵局，尤其是要調整和主管之間的關係。可是他從來不和上司打交道，實在不知道從何談起。突然，劉強瞥見主管腳上穿著一雙黑得發亮的皮鞋，非常顯眼，於是就說：「主任，您這雙鞋子很有品味，在哪裡買的？」原本只是沒話找話，但是主管一聽，頓時眼睛放光。「這雙鞋啊，我在香港買的，世界名牌呢！」主管的話匣子一下子打開了，開始滔滔不絕的講述自己在服裝搭配上的心得，還善意的指出劉強平時在工作中著裝的不足，兩人相談甚歡。以此為基礎，主管又談到了劉強疏遠自己，劉強也委婉的說，自己其實非常敬佩主管，只是感覺很嚴厲所以不敢接近，今天才發現是自己誤會。下車的時候，主管意味深長的說：「劉強啊，看來以前我對你的了解太少了，今後你好好做。」

恭維讚揚不等於奉承，欣賞不等於諂媚。讚揚與欣賞上司的某個特點，意味著肯定這個特點。上司也需要從別人的評價中，了解自己的成就以及在別人心目中的地位，當受到稱讚時，上司的自尊心會得到滿足，並對稱讚者產生好感。你的聰明才智需要得到賞識，但在上司面前故意顯示自己，則不免有做作之嫌。長官會因此認為你是一個自大狂，恃才傲慢，盛氣凌人，而在心理上覺得難以相處，彼此之間缺乏一種默契。

所以，在讚揚主管時，必須注意使用適當的讚美詞句，過度的讚美，會變成一種令人反感的奉承。具體來說，在讚美主管時應注意以下幾項：

（一）適當選擇讚美的詞句。

讚揚的運用也要像使用金錢那樣，有價值需要時才使用。如果不分場合、不看對象、不準確的濫用讚揚，讚揚就失去了它的價值和作用。

（二）對不了解的人和事，不要隨意讚揚。

在還不了解上司的長處或需要讚揚的方面時，就滿嘴讚美之詞，會讓人感到你粗俗不堪。

（三）不要對別人的不足或缺陷進行讚揚。

只要是優點、是長處，對群體有利，你可以毫無顧忌的表示你的讚美之情。但是，對於長官的不足之處就要避免讚揚了。比如，上司寫的字跡常使他自感不如小學生，而你卻不分良莠，在各種場合讚揚上司的字寫得如何漂亮，上司此時絕不會高興的，弄不好還以為你是在有意挖苦他。

向主管提意見要注意方式

每一個人都有一個或多個想法，而且常常對這些想法很有自信，認為若能獲得採用，將會大大提高組織的工作效率。但是祕書在向主管提供建議時，應注意的是不必太急。

首先，從主管的角度來看，你的想法也許沒什麼了不起——事實上，也許很不成熟。而且，你要記住，他的看法可能與你完全不同。有許多內在的因素你大概並不十分清楚，但當它們與其他事物放在一起時，就很可能明顯的表現出來。你的建議有可能使你的主管與組織的其他成員，包括他的主管在內的人發生衝突。至少，採用你的建議很可能耗費他的時間。即使你認為從長遠的觀點來看，你的建議會節省他的時間，但你要記住，管理者往往是注重短期行為的。

還有一個因素值得考慮：提出一個改進工作的建議，事實上意味著你認為目前的工作並不理想。換句話說，這裡面含有一種批評的弦外之音。接受你的建議意味著，在他的工作中有不足之處。但不容忽視的是，主管有時也很自負，他們不願承認他們工作中有不當之處，在下屬面前尤其如此。

局裡準備開年度檢討會，要對今年的工作進行總結。還有不到一週的時間，為了保證會議順利召開，祕書處的全部人馬都集中到會議室，研究討論會議的有關文件。首先討論的是祕書處李處長寫給局長的年度總結報告。李處長不愧是局裡的第一支筆，報告寫得洋洋灑灑，聲情並茂，令人振奮。但在徵求意見過程中，祕書小周直截了當的提出了自己的看法，他認為李處長的報告中有多處統計資料不準確，原因在於李處長採用的統計方法不正確，應該加權處理的資料沒有進行加權處理。而李處長認為他採用的這些資料都是下屬各個單位報上來的資料，進行簡單的加減就可以，無須進行其他處理。可是，周祕書自恃自己是統計系畢業的，是科班出身，堅持認為李處長的資料處理不當。惹得李處長很不高興，臉越拉越長，說了聲「大家先休息一下」，就端著茶杯出去了。

趁著休息期間，祕書處的老祕書張大姐過來和藹的提醒周祕書說：「小周，要注意一下提意見的方式，當著這麼多人的面，用這麼肯定的語氣說李處長錯了，他會是一種什麼感受？如果我是李處長，我會覺得你就跟直接罵我『無知』一樣。所以，即使你的意見是對的，也應該注意說話的方式。」周祕書馬上辯白說：「我沒有別的意思，只是實話實說，我這個人生來就是這樣的性格，有什麼說什麼，不會假裝，不會拐彎抹角。我認為做人要正直坦白。」話音未落，張大姐嚴肅的說：「為人正直和注意說話方式是兩個不同的問題。為人正直，是指不撒謊、不欺騙，是個人道德品質問題；而說話方式是個技巧問題，是工作方式、方法問題，兩者不能混為一談。請你記住，對於我們這些專業祕書來說，用什麼方式說話，永遠比說些什麼更重要！」

所以，祕書在向上級提出建議時，應當慎重。以下幾點僅供參考：

（一）注意選擇提出建議的時間和地點。

如果要提的建議有助於解決主管正在認真思考的事情的話，那麼很顯然，你在這時提出的建議一定會引起他的重視。而且，主管在情緒好的時候，通常更容易接受你的意見。還有，向上司提建議時，無人在場要比有人在場好，除非你有把握其他人也會支持你的建議，並且上司對他們的支持反應良好。

（二）提建議的方式以盡可能不打擾主管的日常工作為宜。

如果要提的建議有助於解決主管正在認真思考的事情，那麼在這時候提出的建議一定會引起他的重視。常見的方法是事先做好大量與提供的建議有關的工作。例如，如果你認為主管應該通知生產部門，注意某些顧客對產品品質的抱怨，那麼，你可先試著為主管草擬一份資料。如果你很了解主管的話，那你在提建議的時候就可以把這封信交給他。一般而言，讓主管簽字總比讓他撰文要容易得多。同時要注意，在向主管提建議時，最好選擇沒有其他人的場合，除非是你很有把握你的建議能夠得到其他人的支持。

（三）從上司的角度考慮事情，不要竭力向他提出你的任何主張。

盡可能少去打擾主管的工作。推行組織變革很像打撞球，當你瞄準球的時候，不僅要考慮球要往哪裡打，而且還要考慮它碰上別的什麼球以及它們將會滾向哪裡。現代組織是一個由許多相互關聯、極為敏感的部門所組成的複雜的有機體。身處高位的主管比你更能看到並預估這些部門之間的相互作用。但是，只要密切注視正在發展的事物，只要你留意在你工作範圍內，其他能表明或影響主管觀念和行為的資料，你就能提出既有利於你也有利於你的主管和組織的建議。

為了使你的建議得到上司的採納，在提建議時，應注意以下幾點：

（一）不可抱著改變對方主意的心情和他爭論，也不要試圖去「贏」這場爭吵，只要陳述自己的觀點就可以了，但也不應該讓人感到你在說教。

(二)強調共同之處。幾乎任何爭執，都有某些雙方同意的見解，應該強調這些；如果過分強調分歧的意見，必然使對方不服。

(三)不要以表達不同見解來證明自己高人一等。

(四)在你不同意對方的意見之前，必須要先了解對方的立場，以求沒有誤解對方的意思。不過，在未澄清之前，切忌假定意見已有分歧。

(五)其他人在場時，不要提出使對方感到為難或難堪的意見。

(六)保持愉快態度，不要表露出憤怒、不耐煩的情緒。要保持溫和、愉快，避免打斷對方的講話，不要用皺眉、搖頭等動作。

(七)在表達意見的時候，不要為了反對而反對。如果在一切事情上挑剔，人們很快就不願聽你的了。

(八)在提建議時，不要貶低別人。

領導者身處高位，更能看到各個部門之間的相互作用。但是，只要我們密切注視正在發展的事物，並留意在工作範圍內的其他能表明或影響主管觀念和行為的資料，就能提出有利於主管和單位的建議。

祕書要懂得拒絕的藝術

說「不」是每個人的權利，就像我們要生存一樣。當然，拒絕別人也不是件容易的事情。正如一位學者所說：「求人辦事固然是一件難事，而當別人求你辦事，你又不得不拒絕的時候，也是叫人萬分頭痛的。因為每個人都希望得到別人的重視，同時我們也不希望為別人帶來不愉快，所以也就很難說出拒絕別人的話。」

學會拒絕是祕書應具備的基本功之一。唯有恰當的拒絕一些不必要的干擾，我們才能集中精力，去完成更為重要的事情。

丁芳菲是某大型股份公司的辦公室祕書。她不僅工作能力強，而且身材窈窕，美麗可愛。但是她之所以能夠獲得主管與同事的欣賞，不僅因為她擁有引人注目的美麗，更因為她具有敏銳的思考能力和良好的處理問題能力。

在丁芳菲進公司之前，已經有幾名祕書因為總經理的「色心」而先後辭職，或者被老闆辭退。但是出人意料的是，丁芳菲卻能夠在兩年之內既獲得上司的尊重，也沒有為自己帶來任何不利影響。她是如何處理這種事情的呢？辦公室的「包打聽」在經過一系列調查之後，為大家揭開了謎團。

在前兩次總經理想邀請丁芳菲晚上出去的時候，都被她以家裡有事情為由，婉言拒絕了。等到有一天總經理把她叫到辦公室，明確的提出自己的要求之後，丁芳菲很冷靜的注視著總經理，一字一句的說：「總經理，說實話，我很欽佩您的工作能力，仰慕您的才華。但是，對於您所提出的事項，我很抱歉無法答應。因為我們都是成年人，您能夠有今天的成就也是多年的努力。我們生活在人們的眼光之中，俗話說『紙包不住火』，當這件事情暴露的時候，會對您造成不利影響，您感覺值得嗎？尤其是對您的位置虎視眈眈的一些人，會不會藉此大做文章，最後取代您的位置呢？」當總經理急忙說沒有關係的時候，她又說道：「對您來說可能沒有關係，那是您的價值觀。但是對於我來說，卻非常重視自己的尊嚴，因為我非常珍惜我和男朋友的感情，我更希望自己成為一位賢妻良母，也希望您能夠理解。」總經理當時就愣了，因為這麼多年第一次有人如此冷靜的與他談這種事情。他急忙表示道歉，從此以後對丁芳菲反而更加尊重了。而這次談話，恰巧被「包打聽」「無意」間聽到，成為大家學習的又一個經驗。

不僅如此，透過觀察，大家發現丁芳菲對總經理一些個人生活習慣的隱私，也保持敬而遠之的態度。其他的同事認為，她對總經理的了解是越多越好，可以做總經理的「心腹」。而她自己則認為，對上司的了解和認識要有一定的程度。知道得太多並非好事，甚至有些事情知道了反而是一種負擔。如果上司隱蔽的事情被洩露，祕書便是最大的「嫌疑犯」了。同時，她也刻意和總經理保持距離。到了下班後，更不參與到總經理的私人生活中。

作為祕書，要學會適當的拒絕別人。但是過於直率的拒絕每一個問題，永遠說「不」，很容易得罪人，不利於待人接物，這就需要我們掌握拒絕的技巧。

一、時刻準備好說「不」。

不論別人提出多不合理的要求都很難說「不」的那些人，通常是由於以下原因造成的。首先是對自己的判斷力缺乏自信，不知道什麼是自己應該做的，什麼是別人不該期望自己做的。其次是渴望討別人喜歡，擔心拒絕別人的請求會讓人把自己看扁了。最後是自卑作怪，因而把別人看成是能控制自己的「權威人士」。然而，不論出於何種理由，這些不敢說「不」的人通常承認自己受感情所支配。不管過去的經歷如何，他們從未在別人提出要求時有一個準備好的答覆。

二、用沉默表示拒絕。

當別人問：「你喜歡某某嗎？」你心裡並不喜歡，這時，你可以不表態，或者一笑置之，別人即會明白。一位不大熟識的朋友邀請你參加晚會，送來請帖，你可以不予回覆。這樣就說明了你不願參加這樣的活動。

三、用拖延表示你的拒絕。

一位女孩想和你約會，她在電話裡問你：「今天晚上去看電影，好嗎？」你可以回答：「明天再約吧，到時候我打電話給你。」

一位客人請求你替他換個房間，你可以說：「對不起，這得讓值班經理決定，他現在不在。」

你和妻子一起上街，妻子看到一件漂亮的連衣裙，很想買。你可以拍拍口袋：「糟糕，我忘了帶錢包。」

有人想找你談話，你看看手錶：「對不起，我還要參加一個會議，改天行嗎？」

四、用迴避表示拒絕。

你和朋友去看了一部無聊的喜劇片，走出電影院後，朋友問：「這部片子怎麼樣？」你可以回答：「我更喜歡抒情一點的電影。」

你覺得你正在發燒，但不想告訴朋友，以免引起擔心。朋友關心的問：「你量一量體溫吧？」你可以說：「不要緊，今天天氣不太好。」

五、選擇其他話題說出「不」。

當別人向你提出某種要求時，他們往往透過迂迴婉轉的方式，繞個大彎再說出原意，如果你在他談到一半時就知道了他的意圖，並清楚自己不能滿足他的願望時，你不妨把話題岔開，說些別的，讓他知道這樣做只會讓你為難，他也就會知難而退了。

六、用反詰表示你的意見。

在和別人一起談論物價問題時，當對方問：「你是否認為物價成長過快？」你可以回答：「那麼你認為成長太慢了嗎？」

你的朋友問：「你喜歡我嗎？」你可以回答：「你認為我不喜歡你嗎？」

七、友好的說「不」。

你想對別人的意見表示不同意時，要注意把對意見的態度和對人的態度區分開來，對意見要堅決拒絕，對人則要熱情友好。

一位作家想和某教授交個朋友。作家對教授熱情的說：「今晚我請你共進晚餐，你願意嗎？」不巧教授正忙於準備學術報告會的演講稿，實在抽不出時間。於是，他親切的笑了笑，帶著歉意說：「謝謝你的邀請，我感到非常榮幸，可是我正忙於準備演講稿，實在無法脫身，十分抱歉！」

八、巧妙的說「不」。

當一個你並不喜歡的人邀請你吃飯或遊玩時，你可以有禮貌的說：「我媽叫我和她一起去看外婆呢！」這種說法在隱藏了個人意願的同時，大大減輕了被拒絕一方的失望和難堪。九、用搪塞辭令拒絕。

外交官們在遇到他們不想回答或不願回答的問題時，總是用一句話來搪塞：「無可奉告。」生活中，當我們暫時無法說具體的答案時，也可用這句話。還有一些話可以用來搪塞：「天知道」、「事實會告訴你的」等。

十、用幽默方式說出「不」。

在羅斯福還沒有當選美國總統時，曾在海軍擔任要職。一天，一位好友出於好奇，向羅斯福問起海軍在加勒比海一個小島上建設基地的情況。羅斯福神祕的向四周看了看，對著朋友耳朵小聲說：「你能保密嗎？」「當然能，誰叫我們是朋友呢？」朋友很有誠意的回答。「我也能，親愛的。」羅斯福一邊說，一邊對朋友做了個鬼臉，兩人大笑起來。

可見，如果以幽默的方式說「不」，氣氛會馬上鬆弛下來，彼此都感覺不到有壓力。

學會委婉的拒絕，恰當的說「不」並不是一件難事。只要理解了上面的幾種方法，用最理想的方式表達自己的否定想法，並把它融入到實際工作中，一定會對自己的人際交往有所幫助。

第五章　文書寫作，練好自己的「筆桿子」

文書寫作能力是祕書職業能力、素養的基礎，是祕書的「看家」本領，同樣也是衡量一個祕書是否合格的必備標準之一。祕書平時要勤學多練，不斷累積寫作經驗，探索寫作技巧，只有這樣才能做到厚積薄發、下筆成章。

如何寫會議類文書

會議類文書是單位執行工作、形成公文的原始依據，是一種重要的事務文書。許多單位對重要或是一般性的會議均有製作紀錄的意識和行為，但是由於會議紀錄制度不明確，規範性不強，使得這類文書樣式各異。

致詞稿的寫作

致詞稿是在某種特殊場合要致詞前所擬定的書面稿。致詞稿可以有效的圍繞議題，把話講好，不至於偏題或講錯話。

致詞稿使用範圍非常廣泛，各種大小會議、廣播錄音、電視錄影場合都可能使用到。

一、致詞稿的種類

致詞稿有詳稿、略稿和腹稿之分：

（一）詳稿準備較充分，只需要拿到會議上念就行了。

（二）略稿是個提綱、要點，在發言時要再自行發揮。

（三）腹稿，僅僅在頭腦裡醞釀一下，了解個大概，到時候即席發言，然後根據別人的紀錄整理成書面的東西。

二、長官致詞稿的特點

致詞稿一般應由致詞者自己寫。只有在特殊情況下，可經過授意由別人代寫，或由祕書等代勞。長官致詞稿的特點有：

(一)權威性。長官講話的目的是貫徹上級的指示和精神，實施本級的決定，並對分管的工作提出指導性意見。因此，長官致詞具有一定的權威性和有效性。

(二)思考性。致詞講話就是要用自己的語言去思考、去總結，透過自己的思考和理解去分析問題，去說服人。長官的講稿更應該體現出思考性，啟發他人去思考問題。

(三)鼓勵性。長官要透過致詞產生激勵、鼓舞的作用。因此，致詞稿要針對形勢、問題或某種想法，展開富有啟發性的演說。

三、長官致詞稿的草擬

草擬長官致詞稿一般要經過明確草擬目的及審題，搜集、整理資料，確定主題和設計提綱，寫作、修改、成文等過程。

(一)確定提綱。提綱的確定有以下三點需要做好：

第一，要事先徵求長官本人的意見，擬出提綱後交給長官本人審定。

第二，提綱最好是比較詳細的綱目式的。

第三，擬定提綱要盡量有新意。

（二）草擬致詞稿。草擬長官致詞稿要注意以下幾點：

A　要能夠提出觀點。

B　要高度概括內容。

C　要特別強調邏輯性。

D　要準確擬定標題。

（三）修改。在長官審定前、長官提出修改意見之後、正式印刷之前及形成正式文件之前，需要對長官致詞稿進行修改。

長官致詞稿修改的重點有：

A　主題方面：長官致詞稿的主題和提出的觀念、觀點、思路、目標、口號以及引申等，是否符合長官意圖？是否符合客觀形勢和工作的實際要求？是否非常重要而又非講不可？

B　政策措施方面：包括方案、意見、政策、措施等方面，是否符合國家的法律、法規？是否符合相關政策及有關規定？是否符合本地實際情況？是否具有較大的適用性和可行性？

C　文字表達方面：包括結構、層次、標題、語言、資料、引文、典型事例等方面，是否符合事實？符合邏輯？符合語法？

D　書面要求方面：體式、款式、字體、字型大小、書寫、序號、時間、頁碼、作者名等是否符合規範？

四、長官致詞稿的語言風格

（一）權威與平易並存。長官致詞無疑要具有權威性，但是如果一個領導者在致詞中，處處炫耀自己的身分、地位，居高臨下發號施令，就會拉遠與聽眾的距離，阻礙雙方情感上的交流，就得不到思想上的共鳴。因此，長官致詞稿不僅要言之有理，還要善於把「理」說白說透，盡量使用平易近人的語言。

（二）莊重與幽默並存。長官致詞要莊重，要認真、準確的傳達上級的指示和精神，闡明自己的想法。但是，過於沉重的語言風格往往會使講稿枯燥無味，無法打動聽眾。如果在致詞中適當增強語言的幽默性，不但會提高語言的藝術魅力，而且也會為領導者的風度增添風采。

（三）深入與淺出並存。長官致詞，總是要透過闡明一定的道理「以理服人」，可以說是致詞所必須遵循的一項原則，但是說理並不代表通篇使用晦澀難懂的語言。只有將理論性與通俗性結合起來，才能使所要闡明的道理生動、明瞭，讓聽眾易於接受，從而達到致詞預期的效果。

五、長官致詞稿的注意事項

（一）避免雷同。長官參加會議應邀致詞，常常會遇到多位長官講同一個問題，作為祕書要充分考慮到這一點，盡量使長官的致詞既全面又獨特。

（二）樹立獨特的風格。替長官草擬致詞稿，最好根據長官的辦事風格確立致詞稿的風格。

開幕詞的寫作

開幕詞是非常重要的大中型會議開幕的時候，主要長官使用的會務文書。一些小型會議的「開幕詞」又稱「開場白」，由會議主持人或者長官在會議開始前說出。

一、開幕詞的作用

提示性和指導性的重要作用。開幕詞對會議的性質、背景、作用、議程、主要任務和會議希望達到的目的等，用概括性的語言說出，它是會議的前奏，為會議的順利進行打下基礎。

開幕詞具有宣傳、提醒和指導作用。在開幕詞中要正式宣布會議開始，營造會議嚴肅的氣氛。開幕詞對會議需要探討的一些問題進行了概括性的提示，協助與會者了解會議討論的議題，為參與議題的討論做心理準備。

二、開幕詞的寫作

開幕詞字數很少，但涉及的內容很多，它的結構方式獨特。開幕詞由標題、時間、署名、稱呼和正文組成。

（一）標題。開幕詞的標題往往是以會議的名稱加「開幕詞」三個字組成，例如《××公司第十六屆股東大會開幕詞》。另一種是將致詞人的姓名加進標題中，既能放在會議名稱前面，還可放在會議名稱後面，比如「xx在xx會議上的開幕詞」或者「在xx會議上xx的開幕詞」。有些開幕詞另寫主標題，會議的全稱加開幕詞是副標題，或者只寫主標題，不寫副標題。

（二）時間。時間應寫在標題的下方，加上括弧。時間是發言人在會議上說話的時間，不要任意改變。

（三）署名。署名就是致開幕詞者的名字，寫在開幕時間的下方。

（四）稱呼。稱呼就是對與會者的稱呼。對不同的聽眾應該使用不同的稱呼。聽眾多，稱呼應該籠統；聽眾少，稱呼應該相對具體。就是說，職工代表會議的稱呼應該用「同事們」，董事會議應用「董事們」，各級經理應用「經理們」。如果有來賓參加會議，應在稱呼中加上「女士們、先生們」等。稱呼在署名的下一行頂格寫，後面加冒號。

（五）正文。開幕詞的正文由開頭、主體和結尾組成。

A　開頭要寫宣布會議開始或者對與會者表示歡迎的語句。有時可以簡單的交代會議的籌備情況，或者介紹與會者的情況，或者介紹來賓的情況。

B　主體應該說明會議的背景，幫助與會者理解會議的意義。交代會議的主要議題，使與會者心中有數，使會議順利進行。還應簡單的介紹會議的中心思想，提出會議的任務，使與會者在討論議題時有所認知。

C　結尾應用帶有鼓勵性的語句，對與會者提出要求，帶動與會者的積極參與度。結尾一般用「預祝大會取得成功」作為結束語，從而表達對會議的良好祝願。語氣應該振奮人心。

三、開幕詞的注意事項

將舉行會議的目的、任務說清楚。若說得不清楚，就沒有發揮開幕詞的作用。

開幕詞應該寫得簡潔、一目了然。開幕詞只是提示性的介紹大會的有關事項，達到提示的目的就行了，不能長篇大論。

用詞應該明快熱情，多寫口語，多寫簡短、有力的句子，這樣講起來才能流暢，才能表達熱烈的感情，與會者聽起來才會覺得親切，振奮人心。

閉幕詞的寫作

閉幕詞是重大的大中型會議結束時，主要長官向會議做的總結性文書。閉幕詞是整個會議的結束語，與開幕詞相對應。

一、閉幕詞的作用

閉幕詞是對會議的進程、步驟和取得會議成果的概括，對與會者的期望與鼓勵。

閉幕詞對會議進行宣傳、評估、總結。閉幕詞中首先要表明會議順利結束，接著應對會議做出評價、總結會議的成果，使與會者對會議有更深入的了解，有利於貫徹會議的主要內容。

二、閉幕詞的寫作

閉幕詞由標題、時間、署名、稱呼和正文組成。

（一）標題。標題的寫法與「開幕詞」相同，比如《公司第x次員工代表大會的閉幕詞》。

（二）時間。所寫時間是主持人說結尾語的時間，即會議的閉幕時間。

（三）署名與稱呼。署名和稱呼的寫法與開幕詞相同。

（四）正文。正文是由開頭、主體和結尾組成。

A　開頭要簡單的指出會議完成了預定的任務。

B　主體是總結大會討論、通過的重要議題，以及對它們的評估。評估會議的成果時，寫出執行會議精神的要求。主體部分內容較多，寫作的時候要突顯會議的重點、一目了然，使會議的成果進一步深化。

如果會議的內容太多，應該多分層次、段落來寫。

C　結尾用生動的語言表示祝願，使與會者受到鼓舞，增強為了完成新任務而奮鬥的信心。還應該對為會議順利閉幕而辛苦工作的全體會務人員表達真摯的謝意。最後，用一句話宣布會議圓滿結束。

三、閉幕詞的注意事項

（一）寫閉幕詞應該全面的了解會議的情況，掌握會議的主要精神，寫最主要的問題。

（二）應與會議中的日程、議題相對應，要寫出會議的內容與氣氛。

（三）寫閉幕詞的時候要篇幅短小精悍，語言簡潔。

（四）寫作時應該充滿熱情，語氣激昂，振奮人心，鼓舞士氣，使會議在熱烈的氣氛中順利結束。

會議提案的寫作

會議提案指的是有關部門在舉行重大會議的時候，與會者以書面的形式向大會提出的，提交大會討論的積極主張或者意見。

一、會議提案的作用

會議提案是體現民主的一種好形式，能夠發揮與會者的積極度，帶動與會者的凝聚力，具有建議性的特點。提案的內容十分廣泛，凡是在與會者的許可權內應當解決的問題，都能夠列入會議提案。

二、會議提案的寫作

會議提案通常由案由、提案人、理由和辦法等部分構成。

（一）案由。案由部分相當於文章的標題，簡潔的概括提案的主要內容，比如「關於……提案」，即「關於 XX 問題的提案」。若這個提案被會議接受了，那麼由會議的有關負責人在該提案的前面加一個編號，通常寫上「第 x 次會議第 XX 號提案」的字樣。

案由的另一個寫法就是把「案由」改為「提案」，後面加上冒號，寫上要求會議解決或者討論什麼問題。

（二）提案人。提案人又叫做提議人，在「案由」的下方寫提案人的姓名。另外，提案人的姓名也可以寫在提案的最後。若有人贊同這一提案，還可在提案人的名單後面添上姓名，作為附議人。若是以部門的名義提出的提案，應該把部門的全稱寫出來。

（三）理由。理由是提案的重要組成部分。若要寫明提出建議或者意見的理由，往往是先舉出事實，再說明性質，最後提出處理問題的必要性。寫理由部分的時候應該誠懇，講究分寸，實事求是，使與會者聽起來言之有物，認為有提出的必要性。

（四）辦法。寫辦法時應該寫清楚實現所提出的主張的措施。表述應該有層次，要分項或者分段寫。要使與會者覺得經過努力後，這些建議是能夠實現的。

另外，應該在「提案人」的下面寫清楚具體的日期。最後由會議提案審查委員會提出審查的意見。

三、**會議提案的注意事項**

祕書撰寫會議提案時應注意：

（一）對公司的方針和政策應該了解。寫提案以前，應該了解和熟悉相關的方針和政策，認真閱讀文件，仔細研究，使提案有章可循。

（二）對於提案有關的情況應該了解。就是說，提案一般是針對不良傾向或者待辦事項而提出的辦法，為了讓人相信，在提案中應該概括的寫出與提案有關的情況，用來證實所提的主張的必要性。

(三)所提的提案要屬於主管的許可權之內。所提的提案如果超出了主管的職權範圍，主管也沒有辦法實現。

(四)不透過主管就能夠解決的難題，不應該列為提案。

(五)事實應該準確，要突顯重點。提案中提出的問題要可信，不要為了求得解決問題而說謊。問題的重點一定要寫出，不要與一般的問題混在一起寫，要寫得條理分明。

(六)寫提案的時候，應與寫請示一樣，做到一事一案。若有兩個問題應提出兩件提案，再把提案轉送會議負責人研究。

(七)要注意區別提案與一般文章的格式區別。提案的格式與一般文章不一樣。為了醒目，應該把「案由」、「提案人」、「理由」、「辦法」幾個字詞，頂格寫在每個部分的前面，後面加上冒號。

會議紀錄的寫作

會議紀錄是當事人記錄會議情況以供備查的一種文體。

一、會議紀錄的寫作

一般會議紀錄包括兩部分：一部分是會議的組織情況，另一部分是會議的內容。

二、會議的組織情況

要求寫明會議名稱、時間、地點、出席人數、缺席人數、列席人數、主持人、記錄人等。有些會議還須寫清楚會議的起訖時間（年月日）。

三、會議的內容

內容上要求寫明發言、決議、問題，這是會議紀錄的核心部分。

要寫明發言人的姓名，發言的內容，包括討論的內容、提出的建議、通過的決議等。必要時，還要記下表決情況（如全體通過或多少人同意，多少人異議，多少人棄權）。

紀錄還要記下會議的有關動態，如發言中的插話、笑聲、掌聲，臨時中斷以及會場重要情況等等。

會議的紀錄在方法上有詳細紀錄和摘要紀錄兩種。這兩種紀錄，採用哪一種，要根據會議的性質和內容來定。

詳細紀錄：要求盡量記錄原話，主要用於比較重要的會議和重要的發言。

摘要紀錄：只記錄會議要點和中心內容，多用於一般性會議。

會議結束，記錄完畢，要另起一行寫「散會」二字；如中途休會，要寫明「休會」字樣。重要的會議紀錄，要有主持人和記錄人在正文結尾右下方簽字。

四、會議紀錄的範本

會議名稱：　　會議時間：
會議地點：　　記錄人：
出席與列席會議人員：
缺席人員：
會議主持人：　　審閱：　　簽字：
主要議題：
發言紀錄：
散會
主持人簽名：
記錄人簽名：

請柬的寫作

請柬是用於婚嫁、慶賀、喪葬、普通應酬等場合的各種禮帖的總稱。請柬的「柬」通「簡」。簡是戰國至三國魏時期的書寫材料，是削刮而成的狹長竹片或木片，竹片稱簡，木片稱劄或牘，統稱為簡，亦是信劄、名帖的通稱。

一、請柬的種類

請柬種類很多，大致可分婚嫁請柬、慶賀請柬、喪葬請柬、普通應酬請柬四種。普通應酬請柬又分請帖、送禮帖、謝帖三種。下面講的僅是請帖，又稱請柬。

二、請柬的作用

請柬是邀請單位或個人參加某種活動所使用的文體。它具有通知和邀請雙重的性質，但又與通知和邀請信有別。通知可以是口頭的，也可以是書面的；請柬則只用書面形式，哪怕被邀者近在咫尺，也須送至其手中（郵寄亦可）。邀請信雖有邀請之意，但既是信函，內容可複雜些，而請柬內容要單一；發出者也不盡相同，邀請信的發出者大多是單位或團體，請柬則比較靈活，有不少是個人發出的。

送請柬是公共關係活動中最為莊重、禮貌而又簡便的互動方式，在溝通訊息，聯絡感情方面，具有不可低估的作用。請柬的用語如何、書寫如何、紙質如何、裝幀如何，直接反映一個單位、團體或個人的綜合實力和精神風貌。

三、請柬的寫作

請柬由標題、正文兩部分組成。

（一）標題。標題多用「請柬」、「請帖」等字樣，常用較大的字體寫在正面，要醒目、居中。最好繪上與內容相應的圖案、花紋，使其美觀、大方。若有封套，第一行中間位置寫

「請柬」字樣，第二行寫被邀請人的姓名和稱呼。

（二）正文。正文包括被邀請者、邀請事由、結束語、邀請者、日期等五方面內容，寫在請柬背面（如不分正、背面，則寫在標題之下）。

A　邀請事由除寫明是什麼活動外，還要寫清楚活動的具體時間和詳細地點。

B　邀請者的署名寫在結束語右下方。如果是單位邀請的話，須在單位名稱上加蓋公章；如果是個人邀請的話，則寫姓名即可。若是結婚請柬，在邀請者兩人的姓名之後，宜寫上「鞠躬」等字樣。

C　請柬的書寫，還可用直式，由右寫到左。

四、請柬的注意事項

如果請柬用於非正式場合，祕書人員可以購買現成的空白請柬，加以簡單填寫即可使用。但是，如果請柬用於重要和莊重的場合，主辦方最好還是製作專用的請柬，這樣可以顯示出主辦方的誠意和對活動的重視。

賀信的書寫

賀信是表示慶賀的書信的總稱。賀信可以直接寄送給對方，也可透過宣傳媒介發送。

一、賀信的種類

賀信的種類包括：

上級單位對下級單位或所屬員工、群眾發出的賀信，這種祝賀一般是對有關的節日或所取得的成績表示祝賀，並提出希望和要求。

同級單位之間的賀信。這種賀信除了表示祝賀之外，還表示要向對方學習。

下級單位、員工給主管機關的賀信。這種賀信除表示祝賀之外，還表示下級單位或員工對完成某項任務的決心、行動。

對重要領導人、科學家、藝術家等名人壽辰的祝賀。

二、賀信的寫作

賀信的格式為：

(一)標題。居中寫「賀信」兩個字。

(二)開頭。頂格寫被祝賀單位或個人稱呼，稱呼後加冒號。

(三)正文。另起一行空兩格寫賀信的內容。簡要敘述對方取得成績的社會背景，或重要會議召開的歷史背景等；概述對方取得的成績，並簡要分析其取得成績的有關因素；如果是祝賀重要會議的召開，應說明會議的內容及其重要性；如果是壽辰賀信，應精鍊、概括的說明對方的貢獻和品德；另外，還須寫上熱情的鼓勵、殷切的希望和雙方的共同理想。

（四）結尾。寫上表示祝願的話。

（五）署名。另起一行，在右下方寫發信單位或個人姓名。署名下方寫年月日。

三、賀信的注意事項

寫作賀信的注意事項有：

（一）感情要飽滿、充沛，讓人有一種鼓舞的感受。

（二）內容要實事求是，評價要恰如其分，表示決心要切實可行，切忌言過其實，空喊口號。

（三）語言要精鍊、明快、通俗流暢，不要堆砌華麗的詞藻，篇幅要短小。

如何寫生活類文書

生活類文書的特點決定了它的寫作有以下幾個要點。

第一，意思明確。明白無誤的把要說的話寫出來，讓別人一目了然看得懂，這是最起碼的要求。

第二，文理通順。

第三，觀點正確。

第四，簡明生動。生活類文書雖然也是公文，但描述及用語應盡可能簡潔和生動，增加可讀性或細緻感。否則，乾巴巴的語言，會讓人覺得乏味。

第五，層次分明，段落清楚，讓人賞心悅目。

第六，格式規範。生活類文書也同樣有其固定的格式規範要求，不能隨心所欲，否則會讓看的人糊塗，更有可能把意思搞錯。

聘請書的寫作

聘請書（又稱聘書）是聘請人的文書。

為了適應國家經濟建設的需要，單位或部門以招聘制度為人事制度的補充方法，聘書也就成為一個單位需要延請外單位的人才擔任本單位某項職務或承擔某項工作時所使用的一種特殊文書。

一、聘請書的作用

（一）可作為加強協作的紐帶。當一個單位在承擔了某項任務或發展某項工作時，若本單位缺乏一些必要的人才，須從外單位延請時，就需要使用聘書。

聘書也就成了互通有無、調劑力量、加強協作、互相支援的重要方式，發揮把需要方和援助方緊緊的聯繫起來的紐帶作用。

（二）可增強受聘者的責任感和促進人才交流。出於需求方對受聘者的信任和尊重。聘書的授予會加強受聘者的工作責任感，更好的發揮他們的聰明才智，使他們得到一個充分施展才能的機會和天地。

二、聘請書的格式

(一)標題。在正中寫上標題「聘書」或「聘請書」字樣，被聘請者的姓名、稱呼有的在開頭寫明，有的在正文中寫明。

(二)正文。一般要交代聘請的原因和聘請去做什麼事情，但有的不交代聘請的原因，只說明聘請去做什麼事情或擔任什麼工作。正文中還可寫上對被聘者的期望。

(三)結語。一般要寫上表示敬意和祝頌的話。

(四)署名。另起一行，在右下方寫上聘請單位的名稱，在署名下面寫上年月日。

三、聘請書的注意事項

(一)對於為什麼聘請、聘請誰一定要交代清楚。特別是對聘請原因一定要有所交代，否則被聘請者就無法受聘，或雖接受了聘書，也只能盲目受聘。

(二)因聘書是以單位名義發出的，所以一定要加蓋公章後方能生效。

慰問信的書寫

慰問信是以組織或個人的名義向對方表示慰問的書信。

慰問信可以直接寄給本人，也可以一式兩份：本人和本人所在單位各一份。

與此同時，也可以透過新聞媒介發送。

一、慰問對象和範圍

被慰問對象和範圍包括：

（一）向做出貢獻的團體或個人表示慰問，鼓勵他們戒驕戒躁，繼續前進。

（二）向由於某種原因而遇到重大損失或龐大困難的廣大群眾表示同情和安慰，鼓勵他們戰勝眼前困難，提高信心，加倍努力，迅速改變現狀。

（三）重要節日慰問。

二、慰問信的寫作

慰問信的格式結構有：

（一）標題。居中寫「慰問信」三個字，或者寫「×××致×××慰問信」，其中「慰問信」三個字也可寫在第二行正中，字體要大一些。

（二）開頭。頂格寫被慰問的單位或個人的稱呼。如果是寫給個人，姓名之後應加相應的稱呼，稱呼後要加冒號。

（三）正文。另起一行，空兩格寫慰問的內容：

說明寫慰問信的背景、原因。背景及有關形勢要具體敘述，接著再寫表示慰問的話語。

概括的敘述對方的事蹟，或者戰勝困難、捨己為人、不怕犧牲的可貴品德和高尚風格，然後向對方表示慰問和學習。

（四）結尾。表示共同的願望和決心，最後寫祝頌語。

（五）署名。在慰問信的右下方署上單位名稱或個人姓名，署名下方寫年月日。

三、慰問信的注意事項

（一）要向對方表示出親切、關懷的感情。

（二）使對方有情誼深厚、如沐春風的溫暖感受。

（三）在熱情的讚頌對方的可貴精神的同時，提出期許，鼓勵他們繼續前進。

（四）語氣要誠懇，感情流露真切自然，文字要樸實、精鍊，篇幅要短小。

感謝信的寫作

在日常生活中，公司或者個人之間需要互相幫助、互相支持，就會湧現出許多好人好事。受到援助的一方為了表達謝意，常常會採用感謝信的形式：對影響較大的事情或個人還可以登報或廣播。

一、感謝信的寫作

感謝信應當有標題、稱謂、正文、致敬語、署名和日期。

（一）標題。在感謝信的第一行正中寫「感謝信」三個字，字體要大一些。

(二)稱謂。在第二行頂格寫被感謝方的單位名稱或者個人的稱呼。在個人的姓後加「先生」、「女士」或者職務等，稱謂後面加冒號。

(三)正文。第二行空兩格寫正文，正文分為兩個部分。

一部分簡單的描寫事蹟，說明事蹟的效果。要寫清人物、事件、時間、地點、背景和效果，概述在關鍵時刻對方的幫助或者支持所產生的作用。

另一部分頌揚品德，表達日後會向對方學習的決心。

(四)致敬語。寫上「此致、敬禮」等表達敬意的話。致敬語的前部分往往連接正文或者另起一行空兩格；後部分另起一行頂格寫，以示敬意。

(五)署名和日期。在右下角寫公司的名稱或者個人的姓名，下一行寫年月日。

二、感謝信的注意事項

內容要真實。敘述事蹟應該具體，人物、時間和地點等應該絕對真實，關鍵的部分應該重點撰寫，給予對方真實的評價。

要以事蹟來引情，以情來感人。要充滿感情，講究寫作方法，既不要平鋪直敘，也不要過於修飾。表達謝意的行動應當切實可行。

信頭的稱呼、文中的用詞、結尾的敬語應該與雙方的身分相符，還要符合社交習慣。

書寫符合規範。篇幅應簡短精悍，語句要簡潔，應符合書信的格式。

感謝信的寫作

第六章　公關能力，好祕書離不開交際應酬

任何企業的發展都離不開擁有良好公關能力的祕書，更何況現代的祕書不再是簡單的打打字，接接電話，整理資料了，祕書必須經常加強自身的基本素養、擁有較強的業務能力、加強文化素養以及需要注意的一些社交禮儀的禁忌。

建立良好的人脈網路

作為祕書，你的辦事能力跟你人際平均值有著直接關係。俗話說「眾人拾柴火焰高」，你是否有人脈，是否有寬廣的人際關係網，是衡量你能否找對人辦對事的標準。你的人脈有多大，你辦事的能力就會有多大，沒有人脈的人，是絕對成不了大事的！

人際交往可以培養、鍛鍊你的能力。沒有交際，你的很多能力就不會被開發出來，而最終被埋沒。因此，你應該積極的「在交際中學習」，把交際當作是培養能力、學習技能的機會。

要在「交際中學習」還必須樹立在「學習中交際」的態度。「人生有限，知識、經驗無涯，不斷的學習是取得能力的基礎。」一個人只要不斷向他人學習，他的能力便會更上一層樓。

總之，在與他人相處中，你可以學到很多東西，這些東西是在書本上學不到的。只要你留心，交際中「處處皆學問」，因為不同的人會有不同的想法、不同的觀念。

人脈圈作為一種資源，不僅能在你需要幫助時伸手扶你一把，而且在相互來往中能使你學到許多東西，從圈子中獲得一種受益終身的「人生資源」。在與人來往中，我們可以學到以下三個方面的知識和經驗。

（一）了解自己

一般人都愛犯一個毛病，就是自以為最了解自己。事實上，我們對自己的認識極為有限，幾乎無法具體的描述自己的個性、能力、長處和短處。當你以為「這就是真正的自己」時，通常只看到「有意識的自我」和「行動的自我」，而這些都只是自我的一部分而已。

我們很難掌握自己，唯一的辦法只有拿自己與周圍的人比較，或者從與人的互動中逐漸看清楚別人眼中的自己，有時候必須在多次受到長輩的斥責和朋友的規勸之後，才能恍然大悟，真正達到自知之明。「以人為鏡，可以明得失。」除非有別人作為鏡子，否則你很難知道自己是什麼樣子。

(二) 了解社會

我們習慣於從日常生活中了解這個社會，別人的生活經驗、書報雜誌和傳播媒介也可以幫助我們了解社會。僅僅是從生活體驗中獲得的社會知識畢竟太狹窄了，就如「井蛙窺天」一樣，使我們難以做出準確的判斷。報紙和其他傳播媒體所提供的也只不過是一張「地圖」，光靠這張地圖，當然掌握不到活生生的現實。像這樣經由較狹隘的個人經驗塑造出來的世界觀，隨著人脈資源的擴大，有可能慢慢得到修正。

我們都記得從學校剛畢業時，常常聽到父母師長訓勉我們：「外面的世界很現實的。」的確，外面的世界和我們理想中的世界是太不一樣了。簡單的說，只有與人互動才有可能掌握真正的現實社會。

(三) 了解人生

我們的一生中無時不在受著他人的影響，這些人可能是父母親友，也可能是自己的上司和同事。從他們身上，我們不僅可以更全面的認識自己，更能了解整個社會，同時也因為他們的生活態度而認知到人生是什麼。

人脈圈是你的一面鏡子。你可以在交際中審視自己，在交際中了解自己，在交際中了解自己的特長、亮點所在，從而為自己人生的成功打下基礎。那麼，人們是如何找到屬於自己的人脈的呢？

（一）找到品質優良的人脈。

有一點是不可忽視的，那就是圈子裡的口口相傳！

但是如何實現口口相傳呢？這就需要挑選合適的人脈！保證自己的人脈都是品質優良的。這個道理很簡單，如果你所接觸的人脈品質優良，他就不會做出傷害你的事情，也不會介紹一些沒有把握的工作給你。你信得過他，他也信得過你，你們之間的相處和互動才能是長遠和互利的！而如果你的人脈品質惡劣，遇到一點事就將責任推到你身上，大家口耳相傳的就會是不利於你的一些東西，這對你只能造成負面的影響，而沒有其他任何好的影響。

（二）保持對對方的責任心

在和對方相處的過程中，我們不能只要求別人有責任心，而自己沒有責任心。比如說，如果我們和對方合作的項目是按時間計費的，那麼我們不能因為蠅頭小利而故意拖延時間，或者建議客戶做不必要的開銷。

一個長遠而強硬的人脈關係網需要的是長期的合作，因此，保持對對方的責任心是非常重要的。比如在處理一些事情的時候，應懂得從對方的角度去考慮問題。不要以為這些事情都是小事，這就是「潤物細無聲」的效應，時間久了，口碑自然就有了。

(三) 堅持信任的原則

我們前面講過，人脈的交往講究「君子之交」，而不要奉行「小人之交」。這就需要彼此的信任，其實這也是建立深厚人脈的基礎。

有一個廣告公司，在已經接受一個客戶的廣告業務後發現，該客戶為視力殘障人士捐贈的產品中，有很多都即將到保存期限了。於是廣告公司要求換貨，卻遭到了拒絕。為此，該廣告公司放棄了為對方做宣傳的活動，同時也損失了前期已經墊付的部分資金。

廣告公司雖然損失了資金，卻沒有損失信譽。他們的人脈資源開始越發廣泛了！當其他的客戶知道這件事情後，都意識到這是一個值得信任的廣告公司，因為他們不會為了利益而出賣或損害他人的利益。

透過分析，我們可以發現，找到屬於自己的人脈資源其實一點都不難。難的是如何把握好屬於自己的人脈，如何讓自己同時也成為對方的可貴人脈。雖然我們說人脈能變成財富，但是我們也不能將人脈財富化。所有將人脈看成生財工具的人，最終都會被財富生吞，而不能有所建樹。而懂得經營人脈的人，必須是品質優良又有責任心的人，如此，才能真正的建立起自己的人脈，真正的擁有自己的財富！

學會傾聽的藝術

有研究顯示，同一件事情，如果一個人重複說到第三遍，就會感到厭煩和煩躁。主管也是如此，當他第一次交辦一件任務時，他可能躊躇滿志，心情愉快；當他第二次重複同一件事情時，他會感到自尊和自信受到影響，懷疑是否自己說錯了；而當他第三次重複這一議題時，他就會失去耐心，也失去了對祕書的信心。

因此，要想進行有效的傾聽，就要採用積極傾聽的方法。

積極傾聽是指傾聽者必須時常對對方的和自己的價值判斷提出質疑。尤其是要對自己的價值判斷質疑，努力把自己放到說話者的位置上，設身處地去為說話者考慮一下。

積極的傾聽可以最大限度的帶動說話者的積極度，同時能夠更好的縮近說話者與傾聽者之間的距離，從而為主管和祕書之間的融洽共處提供堅實的基礎。

那麼，如何才能做到積極傾聽呢？

一、要聽說話者所說的全部意義，而不是斷章取義

僅僅聽出說話者在說些什麼是不夠的，積極的傾聽要聽出「弦外之音」來，包括說話的感情和語氣，對於他所說的內容的潤色，你也應當毫無遺漏的一一聽進去。

作為祕書，你應該總是努力去找出自己的主管想要什麼、需要什麼和渴望得到什麼，與主管形成心靈上的共鳴。

比如說，你的主管王某，與你談及他如何度過了一個愉快的假期，他向你繪聲繪色的描述細節，告訴你他去了些什麼地方、又都做了些什麼事情。這時候，你必須投入極大的專注去聽，努力找出你的領導者的好惡。你應當為你的領導者平等的對待你而感到高興。你要興致勃勃，盡力延長這種談話。

二、要對所聽到的情感做出反應

僅僅聽到說話者所表達的感情是不夠的，還應當對說話者的情感做出適當的反應，這樣才能使說話者知道，他所要表達的內容你都明白了。有時候，說話者所要表達的感情遠比他們所表述的內容重要。

例如，當有人說：「我簡直想把這台該死的電腦扔到垃圾堆裡」時，對這句話本身的內容做出任何反應都是荒謬的。因為說話者根本不是對電腦發火，在這種情況下，你應該明白真正的原因是說話者「很灰心或累壞了」。

三、注意說話者在傳達訊息中所使用的所有暗示

這些暗示可能是非語言的，也可能是語言的，身體語言、說話的語調以及臉部表情均屬於這種暗示內容。

積極傾聽是人們應該發展的一種特殊技巧。我們每個人在這方面都有天賦。但是，你首先必須願意對他人的意見抱持開放的態度，並且願意冒自己的觀點被這種開放態度所改變的「危險」。

一個能夠檢驗你是否認真的聽了別人說話的好方法是：你能否把說話者所說的話，用自己的話再說一遍，不但要包含他所說的內容，而且要包含他字面下所隱含的意義。你可以用這樣的方法：用「你的意思是……」來重述別人的話，自我檢測一下。

儘管祕書在傾聽主管的指示或是單純的與主管溝通時，屬於自下而上的溝通。但是，善於傾聽在所有方式的溝通中都是很重要的，不論這種溝通是自上而下、自下而上還是橫向的，積極傾聽總是十分重要的。

四、非必要時，避免打斷他人的談話

善於聽別人說話的人不會因為自己想強調一些枝微末節、想修正對方話中一些無關緊要的部分、想突然轉變話題，或者想說完一句剛剛沒說完的話，就隨便打斷對方的話。經常打斷別人說話就表示我們不善於聽人說話，個性激進、禮貌不周，很難和人溝通。

雖然說打斷別人的話是一種不禮貌的行為，但是如果是「乒乓效應」則是例外。所謂的「乒乓效應」是指聽人說話的一方，要適時的提出許多切中要點的問題，或發表一些意見感想，來回應對方的說法。還有，一旦聽漏了一些地方，或者是不懂的時候，要在對方的話暫時告一段落時，迅速的提出疑問之處。

五、暗中回顧，整理出重點，並提出自己的結論

當我們和人談話的時候，我們通常都會有幾秒鐘的時間，可以在心裡回顧一下對方的話，整理出其中的重點所在。

必要時，做一點紀錄，要知道「好記性不如爛筆頭」，一份完整的談話紀錄，不僅可以使你準確的領會主管的意圖，還可以向主管發出這樣的訊息，那就是：我非常重視您的講話，您講得非常精彩，我會完整、準確的將您的指示傳達和執行下去。

我們必須刪去無關緊要的細節，把注意力集中在對方想說的重點和對方主要的想法上，並且在心中熟記這些重點和想法。

暗中回顧並整理出重點，也可以幫助我們繼續提出問題。如果我們能指出對方有些地方只把話說到一半或者語焉不詳，說話的人就知道，我們一直都在聽他講話，而且也很努力的想完全了解他的話。如果我們不太確定對方比較重視哪些重點或想法，就可以利用詢問的方式，來讓他知道我們對談話的內容有所注意。

好祕書要有一定的演說能力

有些公關活動雖是由上級主持的，但上級的演說稿往往由行政祕書工作人員草擬，行政祕書工作人員就必須懂得演說稿的特點、要求，才能成功草擬。而有些活動需要行政祕書傳達長官指示，說服大眾，發表組織的新聞或舉辦講座宣傳活動，歡慶、紀念和交際活動，都需要親自演說。

俗話說，「好的開始是成功的一半」，演講更是這樣。無論何種演講，開頭總是關鍵。

好祕書要有一定的演說能力

演講的開場白最不易把握，要想三言兩語抓住聽眾的心，並非易事。如果在演講的開始聽眾對你的話就不感興趣，注意力一旦被分散了，那後面再精彩的言論也將黯然失色。因此只有匠心獨具的開場白，以其新穎、奇趣、敏慧之美，才能讓聽眾留下深刻印象，才能立即控制場上氣氛，在瞬間裡集中聽眾注意力，從而為接下來的演講內容順利的搭梯架橋。

那麼如何做好開場工作，以下幾點對演講者可能有所幫助：

（一）借景生題

一上台就開始演講，相信很少有人會有興趣聽下去。可以借助眼前的人、事、情、景，把聽眾融入到演講中來。

西元一八六三年，美國蓋茲堡國家烈士公墓竣工。落成典禮那天，國務卿埃弗里特站在主席台上，只見人群、麥田、牧場、果園、連綿的丘陵和高遠的山峰歷歷在目，他內心起伏，感慨萬千，立即改變了原先想好的開頭，從此情此景談起：

站在明淨的長天之下，從這片經過人們終年耕耘而今已安靜憩息的遼闊田野放眼望去，那雄偉的阿勒格尼山隱隱約約的聳立在我們的前方，兄弟們的墳墓就在我們腳下，我真不敢用我這微不足道的聲音，打破上帝和大自然所安排的這意味無窮的平靜。但是我必須完成你們交給我的責任，我祈求你們，祈求你們的寬容和同情……

這段開場白語言優美，節奏舒緩，感情深沉，人、景、物、情是那麼完美而又自然的融合在一起。據記載，當埃弗里特剛剛講完這段話時，不少聽眾已淚水盈眶。

(二) 引人入勝

演講開頭成敗的關鍵在於能否吸引並集中聽眾的注意力。演講時獲取聽眾注意力的方式，隨著題材、聽眾和場景的不同而改變，一般可以運用事例、逸聞、經歷、反詰、引言、幽默等手法達到此目的。

一家石油公司副總裁羅伯特在一次演講的開頭，便運用了引言和反詰的方法來吸引聽眾：

「我們都知道，演講是一件很難的事。但是請聽聽丹尼爾．韋伯斯特是怎麼說的吧：『如果有人要拿走我所有的財富而只讓我剩下一樣，那麼我會選擇口才，因為有了它，我不久便可以擁有其他一切財富。』那麼，為什麼許多有才華的人偏偏害怕演講呢？」

(三) 激發聽眾興趣

人們都有好奇的天性，一旦有了疑問就非得弄個水落石出。為了激發聽眾們的興趣，可以採用懸念手法，製造懸念，會收到很好的效果。

在對美國會計協會羅徹斯特分會的一次演講中，演講顧問道格拉斯透過表達他對聽眾需要的關心而激發起了他們的興趣：

「我今晚要演講的題目是『資訊的透露』。確定這個題目之前，我先是查閱了本地的會計年鑑分冊和全國會計協會的學術專刊，然後又詢問了我的同事艾佛列克和強納森：『今晚來聽演講的人都是哪些人？他們希望我講些什麼？』他們告訴我在座的各位都是些很熱心的人，希望我的演講有趣而富有啟發性。

「因此，我將告訴大家一些有用的知識，我也同時希望我的演講簡明扼要，並留給大家一定的提問時間。」

(四) 抓緊人心

看看英國文學家紀伯倫在開始演講時，是如何逗引聽眾大笑的。他所講的並不是編造出來的故事，而是他自己真實的經歷，並且用戲謔的口吻，指出他的矛盾。

他說：「諸位，我年輕的時候，一直住在印度，我常常為某家報社採訪刑事新聞，這工作是非常有趣的，因為它使我有機會認識一些偽造貨幣、盜竊、殺人犯等等這一類富有冒險精神的天才。(聽眾大笑) 有時我採訪到他們被審判的情形後，還要到監獄裡去，拜訪一下我那些正在受罪的朋友。(聽眾又發出笑聲) 我記得，有一位因為殺人而被判無期徒刑的人，是個很聰明且善於說話的年輕人，他告訴我他的高見：『我覺得一個人如果一失足跌入罪惡的深淵裡，就非得從此為非作歹不可，最後他會以為只有把其他人都擠到邪路上，才可表現自己的正直。』這句話，正好可以貼切比喻當時的內閣！」(聽眾的笑聲和鼓掌同時並起)

(五) 直入式開場

演講時，大多數情況下，演講者都是某項領域的專家或權威。因此，如果聽眾對演講的主題不熟悉，或是知之甚少，那麼很有必要在開頭部分對聽眾講述與主題有關的背景知識，它們不僅是聽眾理解演講所必需的，而且還可以體現出主題的重要性。

美國空軍少將艾格納比在空軍基地的一次宴會上演講時，就對「黑人歷史月」的有關背景知識及其對美國空軍的重要性進行了介紹：

「我很高興來到此地，同時我也很感謝應邀和在座各位討論有關美國黑人問題。為保持和增進民族間的理解，美國各大洲又開始紀念『黑人歷史月』。在這個空軍基地，我們慶祝它則可以對美國空軍進行完整無缺的教育。

「我們民族的主訴求是：『黑人歷史，未來的火炬』。

「這個已成為美國人民生活一部分的紀念活動，是維吉尼亞州紐坎頓市卡特．伍德森最先提出並創辦的，他現在被譽為美國『黑人歷史之父』。

「伍德森先生於西元一九一五年成立了『美國黑人生活和歷史協會』。後來，他又於西元一九二六年發起了黑人遺產週紀念活動……」

祕書要掌握送禮的藝術

李祕書是經營管理系的高材生，應徵到這家公司擔任總經理祕書已經兩年了。這兩年李祕書憑藉扎實的專業基本功，再加上他的勤奮好學、努力敬業，他的各項工作發展得很不錯，深得總經理的賞識和同事們的信任。

這幾天，公司正接待日本一家公司的客人，接待工作自然落到了李祕書身上。因為公司主要是做國內貿易的，這兩年很少接待外國客人，李祕書在對外接待工作上的經驗不是很多。談判進行得很順利，已經接近尾聲，總經理讓李祕書為日本客人選一件禮物，在客人離開時送給他。

李祕書特地查了一下饋贈外國人禮品的知識和禮節，覺得為外國客人選送合適的禮物真是一件很困難的事情。他左思右想，考慮到底送什麼禮物給日本客人最合適。這禮物既不能太貴重，又不能太隨便；要有特色，又能讓日本人喜歡；還得考慮到日本人的禮節和饋贈禮品的禁忌。真的是很困難。

李祕書在禮品市場逛了一天，最後決定還是購買一套中國古代的文房四寶。因為他聽說日本人很喜歡中國傳統的東西。他請售貨員幫忙包裝得漂亮一點，售貨員說：「那就用綠色包裝紙吧，這個顏色今年最受歡迎。」邊說邊迅速的拿出一張綠色的包裝紙想用它來包裝禮物。李祕書趕緊說：「別用綠色紙，用紅色的吧，還有別打蝴蝶結。」看到售貨員有些迷惑，就說：「這是送日本客人的禮物，你照我說的話做吧。」李祕書把精心挑選的禮物拿回來交給了總經理。總經理是個平時喜歡舞文弄墨的人，看到李祕書選的禮物感到非常滿意。

在為日本客人餞行的晚宴上，總經理拿出禮物，雙手奉上，對日本客人說：「這是本公司的一點薄禮，不成敬意，請笑納。」翻譯一時語塞，不知如何準確翻譯。李祕書在旁邊馬上說道：「我們總經理的意思是，這是我們公司特意為日本客人選的禮物，希望他能喜歡。」翻譯說完，日本客人非常高興，連用中文說：「謝謝，謝謝。」

為外國客人挑選合適的禮物，的確是一件費思量的事情。誠如案例中李祕書考慮到的那樣，挑選的禮物既不能太貴重，又不能太隨便，要有特色，又要讓外國客人喜歡，還得考慮到外國的禮節和饋贈禮品的禁忌。因此，祕書一定要掌握送禮的藝術和要求：

一、選擇禮物

（一）挑選恰如其分的禮物

在公務送禮場合中，人們過度想像了使人驚喜這個因素，他們在試圖尋找「與眾不同的東西」、「不尋常的東西」以及「舉世罕見的東西」，時常鑄成大錯。與其事後後悔，還不如做得安全、穩妥一些。

作為行政祕書工作人員，假如要給上級送禮，不要以為自己天天和受禮的上級一起共事，自然就能投其所好的選擇禮物。工作的性質通常使人們無法展露諸如品味和興趣等個人愛好。

挑選合適的禮品不僅需要對受禮人有所了解，還需要花費時間。考慮到辦公禮物的象徵意義，最好不要冒冒失失的碰到什麼就買什麼。通常應該在事先就計劃好，尤其是在買節日禮物、嬰兒禮物、工作週年紀念以及退休紀念品時更該如此。

要逐漸熟悉周圍出售精美商務禮物的商店，並要經常光顧。百貨商店的禮物部常有許多禮物可供選擇，特別是節日前後。其他可能的禮物來源包括書店、專門的禮品店、古玩店以及文具店等。

常用的送禮有兩類：非耐用品與耐用品；私用與公用。

禮物的使用壽命長短不一。非耐用品適用於短期情況，退休禮物通常屬於永久紀念品。但是，該怎麼選擇，要由行政祕書工作人員自己判斷決定。

在非耐用禮物中，最常見的是鮮花和食品。鮮花是問候、祝賀、慰問和感謝的象徵。鮮花的價格選擇範圍很大，有時候人們會把鮮花和某個耐用禮物放在一起送人，比如咖啡壺或別緻的花瓶。

一般情況下，除了通常隱含著某種浪漫關係的長梗玫瑰之外，任何人都可以送鮮花給對方。在公務活動中，女士也可以送鮮花給男士。

(二) 如何送禮給女主管

可以事先也可事後第二天向她家裡送去插花。但不要在去女主管家裡的時候直接將鮮花帶去，因為收禮人得找地方擺放這些插花，這相當費事。

可以向女主管辦公室送插花或植物；送給葬禮的鮮花可以送到死者家裡，但鮮花要以黃色或白色為主，紅色要盡量少。

食品作為禮物受到普遍歡迎，因為可以根據收禮人的個人口味來挑選。食品和鮮花一樣，食品的價格選擇範圍也很大。食品的優點在於收禮人可以跟同事或家人分享。

能夠作為商務禮品的食物有罐裝的烘烤食品、新鮮水果籃、糖果、堅果以及盒裝起司和餅乾等。

(三) 如何送禮給男主管

葡萄酒和烈酒通常是送給男主管的好禮物，也是很好的節日禮物。不過，要小心從事。如果把葡萄酒作為禮物帶給男主管，應該告訴主管帶來的酒可以以後再喝，這樣，就不至於讓對方當場在用餐時把酒打開。不要主觀認為收禮人會喝酒，即使主管會喝酒，他們喜歡喝什麼樣的酒，也要弄清楚。如果對葡萄酒或烈酒了解不多，可以向酒商的服務人員討教。

可以選擇適合私人使用的禮物，這樣的禮物往往能體現出對方的愛好和興趣；也可以選擇有益於對方職業的實用品。

要想挑選到合適的私人禮物，需要對主管的品味（現代的還是時髦的）、生活方式（隨意的還是正統的）、嗜好和興趣都有所了解。在所選擇的那類禮物範圍內要做到盡可能的具體化，比如愛好古玩的人可能會偏愛某一時期或一種風格的古玩。

(四) 送禮時不要超越與對方的實際關係

有時贈送過於個人化的禮物，如衣服，會顯得很不禮貌。有些小裝飾物可以讓人接受，如女士用的圍巾或別針、男士用的袖扣。但是，有位女祕書收到了某位主管送的法蘭絨睡衣，這種曖昧的親暱讓她尷尬，也使他們之間的關係出現了難堪的局面。

(五) 辦公用的禮物可以在工作場所使用

如袖珍日曆、名片盒、鋼筆、辦公文具盒（內裝資料夾、橡皮擦、膠帶等）、拆信的工具、相框、商業雜誌或商務書籍等。

出差旅行的人可能渴望有一本用於記錄通訊地址的通訊手冊、一個國際旅行用的鬧鐘（顯示國內的時間以及旅行目的地的時間）、一個用於記錄旅途見聞的日記本或是一個能用作錢包和放護照的收納包。

需要提醒注意的是，如果準備送給某主管一件辦公用的禮物，就要考慮對方用或不用這件禮品。詢問對方把送的禮物放在哪裡了是不禮貌的，這會迫使對方不管是否需要，都不得不把禮品擺在明處。

無論選擇什麼樣的禮物，在決定購買之前，都要認真想一想這件禮物可能包含的象徵意義。如果它不能正確表達自己的本意，那就改買別的東西。

商務旅行，最好送從自己國家帶去的禮物。這種禮物既具有個人特色，又有異國情調，因為它在主人的國家裡可能買不到。

美國人熱衷於標誌，從大學到公司都有標誌。但是送禮時要注意不要讓人誤以為本人在自我推銷，用咄咄逼人的方式送禮，那是失禮的行為。

二、送禮的場合與時機

身為行政祕書工作人員，不論因公事或私情，就扮演的角色來說，在送禮這件事情上就是「主角」，針對送禮對象，應當如何送、送什麼及什麼時機送禮呢？現就商業活動進行一些簡單分析、提示，以供行政祕書工作人員執行公關活動時參考。

在商業活動中，送禮的場合與時機主要有家庭場合、私人場合、公司場合、表示感謝以及逢年過節等場合。每種場合都有其送禮的行為準則。

（一）**家庭場合**

家庭場合包括員工及其家人的生日、婚禮、葬禮等。正是這些特別的時刻打破了家庭生活與工作之間的隔閡。儘管它們本身與工作沒有關係，但它們是員工家庭成員重要的團聚機會。因此，忽視它們或者不送相應的禮物都是不禮貌的。例如，如果公司沒有對某位員工孩子的出生表示祝賀，不管這位員工是男員工還是女員工，在公司與這位員工之間難免會產生心理上的裂痕。如果夫妻雙方在不同的公司工作，那麼，他們會把雙方公司送來的禮物暗自進行比較。

（二）**個人事件**

個人事件是指對員工個人有直接影響的事件，包括生日以及嚴重的疾病。在這些事件中，不管對方是誰，都可以藉機送慰問卡片。

（三）**探望病人**

探望病人所帶的禮物要根據對象和病情而定。選擇探望病人的禮物，應更多的注重精神方面。如一本美麗的畫冊、一封充滿情意的信，都能使病人享受到生活的樂趣，增強戰勝疾病的信心。無須人照料的各種植物是送給住院病人的好禮物，不過，在送花草之前得先問明白，有些醫院是不准送花草給病人的。病人康復回家後，可以送些插花。

為了更準確的選擇探望病人所帶的禮物，現將適合各類病人的禮物列舉如下，僅供參考。

1　發燒病人：需要清熱食品，適宜選擇各種新鮮水果、水果罐頭、果汁等。

如果病人處於恢復期，可選送不油膩的營養食品；如果是因腮腺炎發燒，則不宜送酸性食物，否則會誘發疼痛。

2 痢疾和急性腸胃炎病人：不宜送冷、硬、油多、脹氣的食物，而應送有收斂、殺菌作用的上等綠茶、果汁及易消化的即溶奶粉、蘇打餅乾等。

3 胃病病人：宜送鹹口味麵包、雞蛋、水果罐頭等，因這些食物能中和胃酸、保護胃黏膜。

4 心血管病與肺結核病病人：需要各方面的營養食品，如奶粉、蜂蜜、香蕉、雞、魚罐頭等，對結核病人還可送富含鈣的排骨和沙丁魚罐頭。

5 心血管病病人：病人需要大量維生素和無機鹽，以送新鮮水果為最佳，不應送油膩、過鹹的食品，尤其不宜送糕點。

6 貧血病病人：病人食欲較差，需要補血，以送芳香味濃的水果、大棗為最佳。

7 糖尿病病人：病人平時不能過多食用水果和糕點之類含糖食品，而且需要補充微量元素鋅，以送魚罐頭為佳，例如沙丁魚罐頭等。

8 甲狀腺病病人：病人總是處於飢餓狀態，送些奶粉、糕點、水果都可以。

9 燒傷病人：病人失去皮膚，需要創傷表面盡快癒合，需要補充大量新鮮水果和奶粉等。

10 癌症病人：病人心情很壓抑，食物對他們不是主要在意的項目，如果送來鮮花或病人平時喜愛的小飾物、小玩意、小寵物等會更好。

此外，外科手術後病人一週內很少能吃東西，送來鮮花再好不過。

(四) 公司場合

公司場合包括員工升職、退休及特殊的就業週年紀念日等場合。

在這些場合裡，通常禮品都由部門或單位提供統一的官方禮物，送給工作五年的員工一套由鋼筆和原子筆組成的套筆；送給退休員工一座匾額。

也可以送個人賀卡，在賀卡商店裡有大量可供挑選的、印有得體贈言的「商務」賀卡。有時候，根據送禮人與收禮人之間的關係，除代表單位送賀卡外，還可以送上一份個人禮物。

(五) 節日禮物

節日禮物是季節性的年終紀念。重要的是，要記住並不是所有人都過耶誕節。因此，應該明確是為朋友送禮而不是為某個特定的節日送禮。送禮時間最好是在感恩節和新年之間。

送節日賀卡總是很恰當的，不過，如果送賀卡，千萬留心賀卡上的贈言，要確認節日賀卡上寫的是「節日快樂」等節日問候用語。手寫的附言要突出節日賀卡的個人色彩，使它們更加與眾不同。

只要與收禮人之間的關係允許，可以為對方送上一個節日禮物。各種節日為人們保持和諧的關係提供了便利的機會，通常人們都利用每年的節假日與那些平時難得見面的人聯繫，以送點小禮物而促成大業。

三、國外贈送禮物的禮儀

許多單位都有出國人員或接待外國客人的任務，無論是人員出國還是接待外國客人來訪，雙方都要互送禮品，在向外國客人贈送禮物時，要了解和熟悉不同國家的贈禮禮儀。

(一)在挪威，普通的禮物如酒或巧克力，在第一次見面時是可以接受的。

(二)在日本，第一次見面要讓日本人先送禮物，如果我方先送禮物，日本人會覺得很丟面子。在中國，在第一次見面時贈送禮物能加深友誼，不贈送禮物可能會對將來的關係產生消極影響。

(三)第一次去阿拉伯國家一般不送禮。如果與他們見了幾次面，送件小禮物是可以的。

(四)在拉丁美洲，交換禮物是普遍的，但在商務活動中卻不送禮。人們往往在輕鬆的社交場合送禮。

(五)在香港和英語國家如英國、愛爾蘭、加拿大和澳洲，與美國相似，公司之間很少贈送禮物，大多數商務禮品是公司送給員工作為獎勵的。

(六)在法國，公司之間很少互贈禮物。在西班牙一般不送禮。然而，商務禮物在歐洲雖然不是必需的，但是做客送禮物卻必不可少。在歐洲應邀去某人家裡做客，一般都要送禮物，巧克力和鮮花總是比較合適的。

如果要送禮給幾個人，一般來講，最好他們同時在場時送。職位最高的人一般最先得到禮物。

(七)在日本和馬來西亞，送禮要雙手遞給職位最高的人，這表示尊敬。對方可能會遲疑再三不肯接受，但要堅持，並言明禮物並不值錢，自己心裡很過意不去，對方最終會接受禮物。

女士應注意，送給男性外國客人的任何禮物均不要代表個人，公司對公司的禮物一般要選擇最好的，以免帶來自己所不希望的誤會。

贈送的禮物應該包裝起來，否則會被認為不講究形式。在有些國家，禮物的包裝幾乎與禮物本身同樣重要。這樣做，不僅顯示出做事周密細膩，而且具有藝術修養。

包裝之前，一定要去除禮物上的價格標籤。

（八）如果送禮人所送禮物當場未被收禮人打開，就表示收禮人接受禮物，這樣做是對送禮人表示尊重。在日本、新加坡、韓國、中國和馬來西亞，收禮人一般不當著送禮人的面打開禮物。他們不急於打開禮物，說明他們重視的是送禮這一行動，而不是禮物本身。

在韓國，一位美國商人當著別人的面打開一位韓國女士送的禮物，韓國女士很不高興，韓國人從未當著送禮人的面打開禮物，因為在韓國的文化中，這樣做是粗魯的。

國家不同，送禮時人們期望對方講話的內容也不同。

如果臨別時向對方送禮，要明確告知送禮的原因：由於受到對方熱情的接待，而且談判有望成功，贈送薄禮，不成敬意，以示謝意。如果指名道姓，則不要漏掉任何人。此外，還要注意職務方面的禮儀，一般應先說最重要的人，而且明確表示對他們特別感謝。

如果抵達時送禮，可以對對方為我方提供這項共同工作的機會表示感謝，同時，還可以加上對禮物本身的一點解釋。

當身處海外，稱讚別人的物品時應慎重。在某些國家的文化中，這種稱讚將使禮物擁有者誤認為想讓對方將禮物送給自己。所以這種稱讚是一種失禮行為。

提高談判的語言能力

談判是一個智力和實力較量的過程，在較量之中有技巧，行政祕書工作人員要提高談判能力，就必須掌握談判的技巧：

一、交鋒前的鋪墊

談判交鋒前的鋪墊，係指雙方在對實質內容（即與交易相關的各種條件）進行談判前的鋪墊。該階段的表述要實現三個功效：營造主題氛圍、調度心理趨向和集中思維方向。談判者的表述實現了這三個功效，即為表述成功。如何才算表述成功？或者說，怎麼表述才能成功呢？

（一）營造主題氛圍

營造主題氛圍，是指談判者根據整體談判策略的需要，透過表達形成相應的談判氛圍。所謂主題，是強調整體策略的特徵，如冷與熱，緊與鬆等整體性、基本性的特徵。要實現主題氛圍的營造，在表達上需要考慮話題選擇、語句選擇和表情的配合。

①話題選擇

談判者在鋪墊時講什麼話題更適合主題氛圍，即為話題選擇。話題有許多，而許多話題是帶

「煽情性」的話題。例如，關心體貼之類的話題，歌功頌德的話題，懷舊、敘舊的話題，祝福期盼的話題，情誼表達的話題均屬「煽情性」的話題。還有「傷情性」的話題，例如，揭傷疤之類的話題，聲明性的話題，貶謫性的話題，為難之類的話題等等。此外，還有「平淡性」的話題，就事論事的話題及所有不帶褒貶、不帶好惡感情的話題等等。

在鋪墊中，正確選擇不同類型的話題，才可正確營造所需的主題氛圍，正確選擇了話題，才可以帶出相應的語句為相應的主題氛圍服務。顯然，傷感的話題是絕不可能營造友好熱烈的氛圍的。反之，煽情性的話題也不可能獲得冷靜的談判氣氛。

②語句選擇

語句與話題相關。語句本身也有特性，故選擇時必須符合話題的需要。具體來講，需先分清楚語句的類別與特性後，再決定選擇。語句有華麗、樸素、直接之分。

華麗的語句，多指構造複雜、修飾豐富、表述細膩的語句。

例如，「若不介意，我十分願意用這寶貴的時間表達我們對於面臨問題的憂慮。」「有貴方如此大力的配合，我堅信在你我雙方之間將不會存在解決不了的困難和逾越不了的障礙。」「儘管外面天寒地凍，而室內我們的工作熱情更高。這是我們克服困難的有力保障。」「你我雙方已有悠久、成功的合作歷史，我堅信在新的合作中，不論出現什麼誤會都容易消除，無論有什麼困難，都會有辦法解決。」

樸素語句，多指構造簡單，不加修飾的語句。如從句使用較少，只由主謂賓（狀）語組句，甚至僅以因果兩組句。典型的例子如：「我很高興認識您。」「要談的議題很複雜。」「下午我們繼續商量。」「我建議用兩天時間談完。」「由於您我雙方都很忙，排程應緊湊些。」「由於我不熟悉貴方習慣，請貴方先說吧。」等等。

直接語句係指簡捷乾脆、常帶祈使語的語句。例如，「對不起，我看難辦。」「等等，別急，聽我說完。」「您好！幸會。希望能合作愉快。」「是嗎？我聽錯了？我實在太忙，請貴方能抓緊時間。」

針對不同話題，華麗語句可以用於煽情話題，其中尖刻的修飾也可用於傷情話題。樸素語句可用於平淡話題。直接語句可用於傷情話題。

③表情的配合

指談判者在進行鋪墊時臉部表現的感情。鋪墊時，談判者的臉部表情可以是「春風蕩漾」，即面帶微笑；也可能是「秋風蕭蕭」，即面顯愁容且眼皮沉重；還可能是「風平浪靜」，即臉部平靜且眼神平淡。不同的表情可以按鋪墊時營造的主題氛圍而選擇。春風蕩漾的表情自應與煽情話題相配，秋風蕭蕭更適合傷情話題，而風平浪靜的表情適合平淡話題。不過，由於策略需要，常常會進行複合式的運用。如軟中帶硬時，會把「春風與秋風」交匯一起。相反的，在冷漠之中，也會吹點春風。但應注意：這裡講的交匯，是整體的交匯，即春風蕩漾的表情與煽情性話題，整體上和秋風蕭蕭的表情與傷情話題交匯使用，而不是將春風蕩漾的表情與傷情話題交匯，或秋風蕭蕭的表情與煽情的話題交匯。當然，僅在說俏皮話和幸災樂禍時，才會有表情與話題的反向交匯，例如，面帶笑容卻大談傷情事。

（二）調度心理趨向

交鋒前的鋪墊中，心理的調度非常重要，它主要是指使對手的情感與欲望應適合談判實質條件的需要，或者說，調整談判對手的情感和欲望，使之符合談判的實際情況。

①情感調度

這有兩種情況，一是己方意欲成交，一是己方無意成交。前者需要對方熱情投入，後者是要扼制對方的成交熱情。兩種情況，調度表達並不一樣。

需要激發對方熱情時，首先要採用營造氛圍的技巧，諸如煽情性的話題、語句及表情。其次，要促使成交的可能性。例如，強調雙方的實力、雙方的關係、雙方的誠意、雙方的長遠利益等條件，藉以燃起對方勢在必得的談判熱情。不過，當對手恃強自傲，而你又須與之成交時，激發其談判熱情的手法就要變化。首先，營造氛圍就要變成「平淡」。從話題和用語及表情反映出「非強求」之意，以保持己方的主動地位。此外，說出結局——可能失敗，以傷情的表述預測以後的談判結果，使其反省自己，調整態度，拿出談判熱情來。

要扼制對方成交熱情時，首先，氛圍營造應為平淡。其次，要講不能交易的條件，如競爭、對方產品的缺陷等。同時，話語禮貌，以表達尊敬及愛護對方之意，以免談判未如其願時，誤會你欺騙了他。

②欲望調整

這裡也有兩種典型情況：期待值過高（賣方要價太高或買方出價太低）和不期望結果（即抱著姑且一試的態度）。

對於前者，表述中氛圍可以自由選用，因為各有其用。煽情——表達友好，傷情——表達擔憂，平淡——表達不抱希望，三者對於期待值過高的對手，鋪墊的表述均可以使用。主要是要表達出期待值對應的條件——困難，讓對手有一個心理準備——付出代價（實際條件和談判的誠意）。

對於後者，主要看他對己方談判的需要。若是「貨比三家」中的一家，從策略需要，表達的主張應是煽情的：鼓勵其全力以赴，或獲得交易，或獲得友情——未來的交易希望。若與談判策略無關，則平淡對之，以節省時間，但表述中的友情與禮貌仍不可缺。典型表述有：「十分感謝您給了我這個機會與貴方談判該筆交易。」「請原諒，我方有自知之明。提前告退了。希望沒給貴方帶來不便。」「看來，這次你我雙方無緣成交了。我們下次再見。」「本來我們也沒指望會有什麼結果，但讓我們認識一下吧。」「感謝您來我國訪問。希望這是我們互動的開始，而不是結束。」等等。

（三）集中思維方向

鋪墊中集中思維方向，係指將談判雙方的談判注意力集中到統一的安排上來。換句話說，就是選定共同的談判路線。在這個表述中，要使用偵察——了解、磋商——判斷、集中——結論等表達手法。

①偵察——了解

該手法是讓談判各方相互表明各自有關時間、地點、議題順序和人員安排等想法，是敞開的思維。敞開思維多以平淡性的語句闡述，少數時候加點煽情的語言，點綴一下。

例如：「我方認為，要使談判有效率，應從技術性問題談起。當然，如果貴方願意跳躍而行，也可提出來討論。青蛙的跳躍行進也是很有效的。」在平淡的敘述中，加點比喻，既表達了思維，又運用了一點煽情。

②磋商——判斷

在思維打開後，清理思緒即為表述中的磋商或判斷。雙方針對各自的表述內容進行對比，以判斷取捨。此時的表述，沉浸在平淡表述之中，以保持嚴肅認真的氣氛。陳述的思維是對各自長短的評價，利弊與可能的分析，例如，分組談判的建議。該方式在談判中很有效率。而一方認為，自己沒有足夠的人員參與分組談判，使該方式成為不可能。也許雙方會有評判的分歧，在鋪墊時，只要任一方有餘地，均應做出讓步，使鋪墊工作儘早完成，如上述分組建議，對方說沒有人力，即應撤回。

③集中——結論

該手法是清理、匯集評判的思維，也就是做出結論。鋪墊中的集中表述，是在平淡中進行，要樸素而清晰的描述，使雙方對統一的談判路線無任何誤解。若集中得不好，可能造成雙方準備工作、談判日程的混亂。

二、交鋒中的鋪墊

在談判過程中，尤其是在對交易實質條件（價格、合約條款、附件）談判間隙中，仍然會有鋪墊性的表述。其表達的要求多為釐清概念，明確態度。

進入實質談判後，雙方的意見會往來不斷，有的表示反對，有的贊同，有的是詢問問題，有的則是打岔或乾脆糾纏。在它們之後，或各種意見交鋒之間，常有鋪墊性表達出現。此時的意思就在於釐清概念。這一概念是界定談判內容，包括兩層含義：所言之物（事與話）的定義，以及其後所反映的發言者的真正立場及其實質意義。

（一）所言之物的定義

為確保談判的效率，交鋒中鋪墊首先要說明白的問題是雙方談的應是同一物。若你談你的理解，我談我的理解，而理解的非同一物就會使談判陷於徒勞之中。此時，表達的技巧是運用確認和重複的表述方式來實現定義的一致性。

確認係談判議題定義的明示追問，或對理解要求的認同。

（二）確立真正立場

為了掌握談判的進展，必須掌握發言者的真正立場。有的談判者含蓄，或為了刺探對方情報，在明確雙方講話的同時，對談話引申出的要求與立場也要予以界定。對此，表述的手法主要是追問對方表態。其典型的語句有：「如果我沒理解錯貴方的意見，您是要求B條件，不同意C條件，對嗎？」「您講了這麼多，那麼您到底是贊同，還是反對我方的條件呢？」「我理解，到目前為止，你我雙方並未就H問題達成一致（差距自然很大），是嗎？」「你我雙方唇槍舌劍很長時間了，應該靜下來整理一下各自的立場，看雙方接近了多少。」「我聽貴方這麼說，也就是不同意（同意啦）。」等等。

（三）明確態度

明確態度，是指要說明談判雙方對面臨的談判問題所持的主觀願望。釐清概念是鋪墊的基礎性的一步，而明確態度是更近的一步，由表及裡的一步，是究其根源的一步，對談判的發展影響很大。談判過程中，典型的狀況有氣氛緊張、談判激烈的時候，也有扭轉融洽、彼此理解的時候，還有平淡之時。在這三種狀況下的鋪墊中，其態度的表述不同。

①緊張時

此時的鋪墊是要說明：「你想怎麼樣？」以及「我對此的看法」，以達到調整雙方態度的目的，使消極化為積極，戰爭轉為和平，破壞變成建設。典型的表述有：「貴方怎麼啦？若這麼激動是無法交流看法的。」「我不知什麼地方得罪了貴方。有話請慢慢講，您講話太快，我聽不清楚，您的嗓門太高，也不一定能加強您講話的正確性。再說，有時間讓貴方講話，我方也願意聽。」

「貴方的學識與地位有能力把談判從對立狀態拖回來。不知為什麼今天（昨天）談判桌上出現如此情況，使我十分驚訝和遺憾。」「我認為，分歧在所難免，但吵不能解決問題。解決問題還須雙方拿出誠意，拿出力量（條件）來。」「我認為，雙方均應重新審視一下各自的條件和態度，冷靜以後再繼續該問題的談判。」「如果貴方認為繼續吵下去（或維持雙方間的緊張狀態）能解決問題，這是貴方的看法和權利，但後果請貴方予以充分考慮。」「打並不完全是壞事，不打不相識嘛；但打而不停，非要在談判桌上爭出高低，損失恐怕要大些。」

「我認為，貴方若想保持談判桌上的強勢，甚至欲以勢壓人，那就錯了。弱者可以不要強勢，但卻要交易，而能得到交易才是真正的強者。」「說一千道一萬，以理服人才可以贏得友誼和合約。」等等。

②融洽時

此時鋪墊是要說明，雙方是如何利用這種積極性加快交易的談判，使談判儘早達到目標。典型的表述有：「你我雙方的坦誠和合作態度使談判充滿了活力，使所有與會者都受到鼓舞。」「既然雙方均有誠意實現交易，我建議在接下來的談判中，貴方能儘早拿出可行的成交方案來。」「雖然貴方的方案已表明了貴方的努力，但仍有些缺陷還沒有糾正，如我方在上午（或昨天）談判中提到的 XX 問題等，尚未見答覆。」「在聽到貴方完整的意見後，我方一定會將我方的意見告訴貴方。」「貴方若有困難，也請講出來，看看我方能否配合解決。」「既然貴方這麼真誠，我不妨利用這個機會告訴貴方，該交易須抓緊進行，否則夜長夢多。」「我很想告訴貴方某些細節，但出於商業信譽，我不能講。但我可以說的是，我方將積極配合貴方儘早結束談判。」「我方的條件，不知貴方聽明白了沒有？若沒聽明白，我方可以再重複一次；若有意見，我方願意聽，只是希望貴方把握時間告訴我方您的態度。」「我希望你我雙方借東風加快談判速度，創造一個良好合作的案例。」「既然大家是朋友，各方提出的條件應公平友好，若有不足之處，自我糾正。這樣就避免朋友之間互相批判。」「請放心，與朋友的合作，我們會替對方著想，絕不會因為關係好，談判就粗糙，權責就不分明。」等等。

③平淡時

此時說明的是：雙方這樣談判下去行不行？或談判為什麼這樣沒有活力？如果談判並未全面展開，或僅屬相互介紹階段，還未到條件的討論階段，則可以隨日程往下談判。若在進行條件的溝通中，談判既無大的進展，雙方交鋒也不積極時，需要做上述鋪墊的說明。造成該種情況的原因有兩種：沒有成交的熱情，即我的條件就這樣，要接受不接受，隨你。沒有準備修改條件的餘地，即聽了有理、無理的批駁，可以表態的意見不多或根本沒有。此時典型的態度說明有：「我們談了很長時間了，貴方的意見沒有講，不知為什麼？」「我們的談判毫無進展，貴方是否對於該交易沒有意願，還是有別的考慮？」「交易成與不成，對我方沒有關係，但我方仍然希望能了解貴方的態度。」「貴方如果不願意考慮我方意見，只要坦白講出來，我們可以重新審視接下來的談判。」「貴方明顯沒有道理，但仍這麼堅持，使我方不理解。如您無權表態，我方可以等您向有關方面匯報後再談。」「我知道，我方提出了一個難題，不知是否在您的授權範圍內？若不在，您可以請示後再表態。」「你我雙方都是自由的，不必對該交易負責，但對你我雙方彼此提出的問題，應有個合理的答覆。」等等。

提高說服力的七大竅門

作為祕書，想要說服別人，就要不斷的學習說服口才，提高自己的說服力。任何人都希望能輕鬆的說服他人，尤其是擔任說服職務的人，更有這樣的願望。但是千萬不要誤解說服力的本意，畢竟它與長篇大論的講話不同。有的人能不費口舌就自然有說服力；有的人即使滔滔不絕，也沒有洗耳恭聽的聽眾。因此說服力並不取決於是否能言善道，而決定於能適時說出適當的言辭。當然有人天生就具有說服力，但是一般來說，說服力是靠後天的經驗和努力培養而成。提高說服力需要認真加以進修、訓練：

一、掌握說服要點

大部分人只考慮到如何巧妙的說服他人，但能掌握「要點」的人卻非常少。例如告訴對方「如果不這麼做，公司就會有危險」，「這樣會給大家添麻煩」，「如此才可以拓展前途」，「必須拉攏他加入我方的陣營」等等，這樣才算符合說服的需要。和人見面，想不費吹灰之力就說服對方是不可能的。必須澈底檢討自己的意見，表明自己最低限度的要求。若抓不住意見的重點，不但無法說服對方，反會遭到對方的反擊，不得不知難而退。這就是因為該說的話表達得不夠明確的原因。如果一開始就心生膽怯，心想「我真的能順利說服對方嗎」或「萬一遭到拒絕怎麼辦」，甚至認為「對方說得也有道理」等，這些都是因為說服的基礎不夠穩固，才想不出「如何說服對方」的技巧和方法。所以說服前先檢查一下談論的內容是否必要，再開始進行說服，才可事半功倍。

二、說服前先聽對方說

不考慮對方，只單方面談論自己的事，不但無法打動對方，反會顯得疏遠。因為從感情與理性兩方面來說，強迫性的做法會使對方在感情上產生不悅，而脫離要點會使對方在理性上無法理解。此時，首先需要訓練的是靜聽。任何人都希望站在說服者的立場，不喜歡被人說服，更有甚者認為讓別人說服是一種恥辱；所以，努力先使對方保持平靜，消除其壓迫感，否則說服就無法成功。因此，與其自己先發言，不如先聽對方的，從談話內容中了解他。給予對方發表意見的機會，可以緩和他的緊張，進一步使他對你產生親切感；更重要的是，能根據對方談話找到說服的重點。那麼要如何才能讓對方發表意見呢？可以先誘導對方談論他感興趣及關心的話題；至於對方有興趣及關心的話題，則多半是他個人身邊發生的事。

有人認為抓住對方所喜歡和關心的問題，而且也是自己認為最切身的話題，由此而找出對方關心的目標，他就會道出自己的看法，這也就是我們必須側耳傾聽的內容。從對方的談話中，可以了解對方的嗜好、個性及說服重點。

三、建立信任的關係

有的人在說服時，特別向對方表示親密的態度或用甜蜜的語言與之接近，不僅無法達成說服目的，還會引起對方警戒，甚至受其輕視。所以信任非常重要。古人說：言必行，行必果。有的人無事不登三寶殿，這種觀念是錯誤的。人們不能過著自私而有效率的生活，只想以自己的方便操縱對方，這樣的人永遠是一意孤行。所以如果有意與人交流，保持信任的關係，是必不可少的條件。信任的關係，寓於日常生活中。只要得到他人認同，而你也自認不辜負他人時，如此就能建立信任，達到圓滿的說服。做到這些，相信你將能發現說服的樂趣與效果。

四、周密的論證

不具體的表明說服的要點會失去說服力；而不得要領的要求，也無法得到充分的效果。對部下有所期望，希望達到目的時，必須周密論證以使對方正確了解。有些雖然下命令的人知道自己要表達的意思，但執行命令的人，卻不容易了解。在工作方面，說服特別要具體的提示計畫，說明理由、內容、完成日期及要求的成果，不如此就很難說動對方去辦，無論再怎麼激勵他，他也不知從何下手。人之所以會有積極的意願，是因為總想有發揮自己能力的機會。只有憑自己的才智能力投入整體工作時，才能體會工作的意義。

五、指示要明確

若沒有確切的指示，他就會在不明事理的情況下產生不滿，或者發牢騷，破壞了工作環境的和諧。因此必須以具體的辦法告訴對方，使其了解情況，他才願意去做。例如告訴對方「你的立場是……，你的行動是……，最後的目標是……」。如此提示，並要求對方「我想借助你的智慧，請你務必盡力」，說服到此地步，就能鞏固對方想做的意願。畢竟了解了情況，做起事來就容易。例如明示對方「這件事的結果是……」「你下次應該這麼做」等等，把自己想獲得的結果具體的告訴對方，同時在明示對方的過程中，也要經常參考對方的意見，提高對方的參與意識。如此一來，才能稱之為周密的說服。

六、懇切的的引導對方

說服就是懇切的引導對方，按照自己的意圖辦事。如果不以懇切的態度說服對方，而利用暫時的策略瞞騙對方，就無法使說服者與被說服者之間擁有長久的和諧。當說服者暗自高興「好了！說服成功了」時，而引起被說服者「哎呀！我上當了！」的感覺，這是最拙劣的說服方法。懇切的引導對方，使對方了解與滿足，這時雙方的滿足度各為百分之五十，要被說服者再做百分之十的讓步，更須讓其有這種滿足感，否則被說服者無法心服口服，彼此根本無法談攏，這一點須特別注意。

七、適當的讓步必不可少

說服必須有令雙方滿意的結果，否則不算說服成功。換句話說，說服者必須讓對方認為「哼！這次是因為我讓步，他才能成功的說服我」，倘若能出現如此的滿足感，就是懇切引導的最好效果。說服者應向對方表示「真謝謝你」，「沒有你的幫助我就完了」，「你如此幫我忙，我會銘記在心」等，如此表示謝意，以實際行動滿足對方的虛榮心。能證明自己的謝意行動，還可在旅途中表現。不妨寫一封明信片給對方，簡單說明「因為正好到你住處附近旅行，所以特地寫這封信向你問候，最近好嗎？」被說服者收到明信片後，心中一定會感到「啊！他還記得那時我幫他的事」，建議以此方法向對方表示好感；因為在他幫你忙時，已經做了虛心的讓步，所以，禮儀一定要考慮周到，才能表示真誠的心。唯有如此仔細誠摯的表達自己，才能稱得上真正的說服。

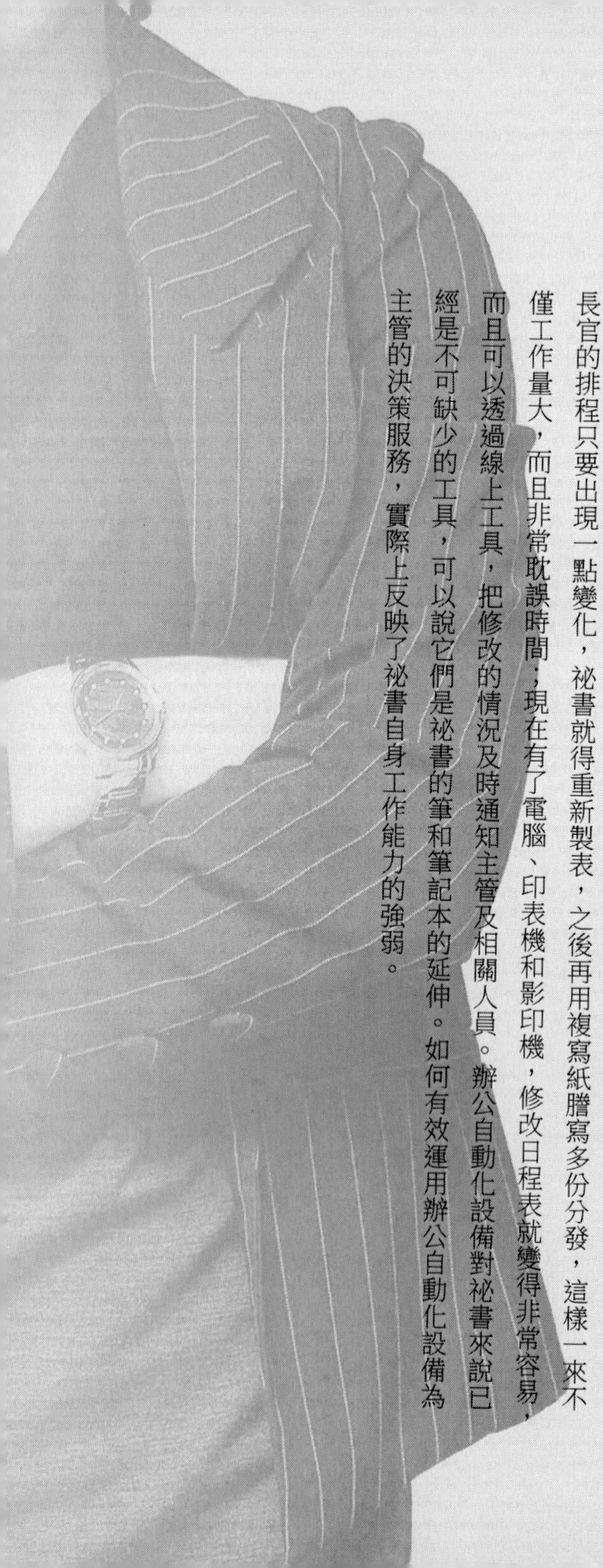

第七章　辦公自動化，好祕書不可缺少的工具

由於科技的進步和網際網路的發達，辦公自動化程度已經越來越高；辦公自動化設備大大提高了工作效率，並將祕書從大量重複性的工作中解脫出來。如過去沒有電腦、印表機和影印機，長官的排程只要出現一點變化，祕書就得重新製表，之後再用複寫紙謄寫多份分發，這樣一來不僅工作量大，而且非常耽誤時間；現在有了電腦、印表機和影印機，修改日程表就變得非常容易，而且可以透過線上工具，把修改的情況及時通知主管及相關人員。辦公自動化設備對祕書來說已經是不可缺少的工具，可以說它們是祕書的筆和筆記本的延伸。如何有效運用辦公自動化設備為主管的決策服務，實際上反映了祕書自身工作能力的強弱。

印表機的使用與維護

別看小王已經是這家乳業集團股份有限公司市場行銷部的一名祕書，平時辦起事來獨當一面的，可他其實還只是一個二十五六歲的小夥子，有時候也不免有些心浮氣躁，冒冒失失的。所以，部門經理雖然對他青睞有加，但也總是會叮囑他「年輕人一定要靜下心來，踏踏實實穩扎穩打才行」。

一次，小王接到部門經理的指示，要求他馬上列印出公司與另一家乳業集團股份有限公司關於共同研製某產品所簽署的一份協議，可不巧的是，他自己辦公桌上的印表機昨天剛剛壞掉了，今天還沒來得及找人修理。於是，小王只好來到同事小李的辦公桌前，準備借用一下他的印表機。當時小李恰好有事不在，小王也顧不了那麼多了，急急忙忙的打開電腦和印表機就開始工作了。可是不一會兒，他發現小李的印表機也出現了故障。印表機出現了卡紙的現象，這可把急性子的小王急壞了，再說部門經理那裡還急等著要用呢！於是，小王便不停的按「進／退紙」按鈕，可是機器並沒有什麼反應，著急上火的他便索性開始強行拽拉紙張，希望能靠自己的力量「幫助」印表機解決問題。正當他在那裡忙碌得不可開交的時候，小李辦完事回來了，看到在他辦公桌前這樣對待印表機的小王，趕忙制止了，並對小王說：「印表機出了毛病可不是你這個修法啊，你這樣做很容易損傷印表機內部的部件，知道嗎？」小王心急如焚的解釋說：「我實在是太著急了，又沒有別的什麼辦法，就只好這樣硬拽了。你來得正好，趕快來教教我怎麼辦！」小李不慌不忙的說：「印表機出現這種情況還是比較常見的，這時，只要用一隻手扳動『單頁／連續紙』轉換桿，另一隻手輕輕拉出被卡住的紙張，就像這樣……」小李一邊說一邊向小王示範。果然，經小李這麼一做，印表機果然恢復了正常。然後小李對小王說：「年輕人做事追求速度固然沒有什麼不好，但有時候也要講究方式和方法，單純靠蠻力可不是解決問題之道啊！」

小王聽著這話有點彆扭，但也無話可說。

印表機是祕書日常工作中經常使用的辦公設備，一定要懂得日常使用和維護常識：

一、印表機的相關知識

1 印表機是現代辦公設備中最常用的外部設備，印表機的功能就是把已儲存在電腦內的辦公文稿的內容列印輸出，形成書面文件。

2 印表機主要有點陣式印表機、噴墨印表機和雷射印表機三種。

3 點陣式印表機主要由印字機構（列印頭）、橫移機構、送紙機構、色帶機構組成，具有耐用、耗材便宜、可列印多種類型的紙張等特點。

4 噴墨印表機主要由噴頭和墨水匣、清潔單元、小車單元、送紙單元組成，具有價格低、雜訊小、可列印彩色圖像等特點。

5 雷射印表機主要由感光鼓、碳粉匣、感光元件以及精密機械組成，具有列印效果好、速度快、雜訊小、可列印不同類型的紙張和彩色圖像等特點。

二、印表機的操作

（一）連接

1 將印表機與電腦主機的電源均置於關閉狀態。

2 將電纜訊號線的兩端分別連接在印表機和電腦上。

3 將印表機與電腦電源線分別接在插座上。

（二）準備

1 打開印表機電源，再打開電腦電源。

2 如果未安裝驅動程式，應將隨印表機附帶的驅動程式安裝軟碟或光碟插入電腦中，電腦會自動檢測到印表機硬體，並出現安裝驅動程式對話框，依據提示進行安裝。

3 根據列印要求，把相關列印紙裝入印表機送紙架上，用紙盒兩邊的紙導板將列印紙夾緊，以防止列印時列印紙發生偏移。

（三）列印

1 在電腦主機上打開要列印的文件（如Word文件），按一下功能表「檔案」之「列印」，彈出列印視窗。

2 設定列印範圍。如果列印全文，則不需要設定，因為預設就是列印全部；如果要列印目前頁面的內容，則選擇列印範圍中的「目前頁面」；如果要列印的內容是跳躍的，可以在「頁碼範圍」中輸入要列印的頁碼，用「-」或「，」分隔頁碼範圍。

3 按一下「列印視窗」中的「確定」按鈕，印表機即開始列印。

4 觀察列印效果，如果列印效果不理想，應立即暫停取消列印，退出紙張，分析原因；如果列印正常，在結束後取出列印稿。

(三) 印表機常用故障及處理

A 點陣式印表機

1 不列印：檢查印表機是否打開，連線燈亮否，印表機是否與電腦連接正確。如果沒有，則相應打開印表機，或按一次連線鍵，或重新連接印表機與電腦。

2 列印模糊或不均勻：檢查色帶安裝是否正確，不然則取出重新安裝；紙張厚度調節器是否正確，不然則重新調節；印表機頭是否損壞，如果損壞須維修或重新購買。

B 噴墨印表機

1 缺紙：在送紙器上裝入列印紙，然後按「進紙／退紙」鍵，將指示燈關閉，即可恢復列印。

2 夾紙：取出並重新安裝列印紙，然後按「進紙／退紙」鍵，印表機彈出夾住的紙並恢復列印。如果錯誤仍未清除，打開印表機蓋，取出列印紙，然後重新在送紙器中裝入列印紙，按下「進紙／退紙」鍵，即可恢復列印。

3 墨少：預備新墨水匣，待墨盡後進行更換。

4 未知列印錯誤：關閉印表機，幾秒鐘後再打開它。如果問題還沒有清除，則須請專業人員進行維修。

C 雷射印表機

1 未列印自檢頁：檢查印表機是否裝有列印紙，印表機指示燈是否正確，依次判斷故障並解決。

2 夾紙：如果被夾的紙張大部分都在進紙盒中，可用兩手小心的將卡住的紙張向上拉出；如果進紙區看不到夾紙，則須打開機蓋，取出硒鼓，向後推綠色的鬆紙桿，然後將手伸進印表機內，將其小心的向前直接拉出，安裝硒鼓並關上印表機蓋。

3 電腦發出「列印」命令後，印表機不回應：可能印表機暫停、印表機與電腦之間的電纜連線不正確，或在電腦中選擇了另一台印表機。可相應從狀態視窗或印表機管理器恢復列印；斷開並重新連接印表機和電腦之間的電纜；檢查電腦中的印表機選擇功能表，選擇正確的印表機。

4 錯誤燈亮：可能缺少列印紙、印表機蓋未蓋好、硒鼓未裝好、印表機內有夾紙。可相應的添加列印紙、將機蓋關嚴、重新安裝硒鼓，清除夾紙。

5 錯誤燈閃爍：可能列印頁太複雜，超出印表機的記憶體容量，或印表機創建圖像的速度趕不上列印進程。可按一下前面板按鈕來恢復列印。

6 輸出品質不佳：硒鼓碳粉不足或布粉不均，此時需更換碳粉匣，也可能印表機需要清一清。

影印機的使用與維護

小李剛從學校畢業，經過層層篩選、過關斬將，在一家公司獲得一份祕書工作。小李也雄心勃勃，想要拚出一番成績來。

這天，經理給小李一份《宣導企業文化，推崇公司理念——效率至上》的文稿讓他影印一千份，然後分發給企業員工。因為已臨近下班時間，小李把這個工作留到了明天。

第二天早上，他急急忙忙趕到公司準備將這個事情完成。他一手將公事包丟在椅子上，一手裝紙、開機，設定好自動影印程式，急急忙忙進行，機器馬上影印了起來。接著，他又是拖地，又是擦桌子，忙得不亦樂乎。過了一會兒，經理進來，見影印出來的文稿掉了一地，他緊皺眉頭，但沒說什麼，又遞給小李一份合約說：「這份急著要用，你趕緊影印三份。」小李見文稿還沒印完，心想：按著程式來還得「暫停」、「設定」等，這太麻煩。他靈機一動，想出一個更快的方法，於是，他一下子拔掉了插頭，迫使影印機停了下來。然後再次插上，讓影印機回到預設狀態，他想：這樣就快多了。但當他把影印好的合約交給經理時，看到整個過程的經理撿起地上的文稿，語重心長的說：「小李啊，『效率至上』固然重要，按部就班也是前提啊！」小李愣了，心想：還不是你插隊的？

小李想高效率的完成本職工作的想法固然正確，可有些做法卻很不妥當。正確使用和維護影印機的方法是：

（一）影印機的相關知識

1　影印機是現代辦公自動化中最為常見的資訊複製設備，它融合了機械技術、電子技術、電攝影技術和光學技術等四個方面的技術。

2　影印機的基本組成包括曝光系統、成像系統、輸紙系統、控制系統和機械驅動系統等五大系統。

3　靜電影印機其影印過程通常包括充電、曝光、顯影、轉印和定影五個基本工序。

4　影印機屬精密設備，須經常性保養與維護，如及時清潔易汙染的部件（感光板、電極絲、鏡頭、輸紙輥等），做好機件的全面清潔、潤滑、調整，以及更換易損件或失效的零部件，補充碳粉與影印紙。

（二）影印機的操作

1　預熱

（1）將影印機電源插頭插入專用插座，接通電源。

（2）打開影印機電源開關（ON），機器開始預熱，大約需要八十秒。

2　加紙

（1）抽出紙盒，輕輕按壓紙盒底部的金屬底板到適當位置。

（2）將紙張的右上角置於紙盒右上角的金屬擋塊之下。

（3）推動左邊擋板，使盒中的紙張固定不動。

（4）將紙盒推進去。

3 放置原稿

（1）打開影印機蓋。

（2）將原稿面朝下（需要影印的部分），沿左下角（按稿台紙張尺寸刻度）放置在掃描台上。

（3）蓋嚴影印機蓋。

4 選擇影印倍率

根據原稿和影本的尺寸規格，選擇適當的影印倍率來放大或縮小影本，也可選擇相同的倍率。

5 調節影印濃度

根據原稿的紙張、字跡色調深淺來選擇影印濃度。如果原稿紙張底色較濃（如圖片、報紙等），可將影印濃度調淡一些。

6 設定影印份數

（1）試印一份，檢查其品質。

（2）用數字鍵輸入所需影印的份數，如果輸入的資料有誤，可按下「清除」鍵，重新輸入。

7 複印

（1）按下「影印」鍵，影印機開始影印，影印數量將顯示在操作面板的顯示幕上。

（2）在連續影印過程中，如果需要暫停，可按下「清除」（或「暫停」）鍵，這時機器將完成目前一張影本的完整過程後停止運轉。

(三) 影印機的保養與維護

1 日常清潔

使用影印機，每週至少要進行一次日常清潔以保證影印品質清晰，日常清潔主要清潔以下部位：

(1) 影印玻璃。用蘸有水或中性清潔劑的乾淨濕布小心擦拭玻璃表面，然後用柔軟的乾布將其擦乾。如果玻璃沾有灰塵，最好先用橡皮吹氣球將灰塵吹掉然後再擦，以免將玻璃刮花。

(2) 文件蓋。用蘸有水或中性清潔劑的乾淨濕布擦拭文件蓋的白色表面，然後再用乾布將其擦乾。

(3) 清潔電暈組件。先關閉電源開關，然後打開前蓋，用手握住電暈元件清潔器的把手，將其拉出、推進五六次，這樣便能清潔電暈組件。最後將電暈元件清潔器推入並關好前蓋，接通電源開關。

2 定期保養

影印機經過一段時間的使用後，應對感光鼓、顯影裝置、光學系統、供輸紙機構等進行檢查、清潔、潤滑、調整或更換。定期保養的操作步驟如下：

(1) 首先切斷電源，打開各機門，卸下影印玻璃。

(2) 分別將清潔器、顯影器、電暈裝置、消電燈等取出。

（3）將定影器及紙盒等相繼拉出。
（4）取感光鼓。

傳真機的使用與維護

某服裝有限公司成立已有五六年的時間，經過全公司員工的不懈努力和執著追求，漸漸的從只有幾十人的小廠，發展為集設計、生產、銷售、服務為一體的現代化優秀服裝企業。

周晟是銷售部的祕書。這天，他提出的傳真機設備更新的申請批覆了下來，周祕書興沖沖的到行政科領來了一台嶄新的三洋傳真機，搬到辦公室安裝了起來。剛剛裝好，電話突然響了，原來是正在外地參加「服裝流行趨勢」研討會的銷售部王經理的聲音，他忘記把研發部最新設計出來的服裝設計樣稿帶在身上，他請周祕書趕緊用傳真機傳送給他。

小周立即從總經理辦公室把樣稿取來，卸下訂書針，用手舒展開了樣稿紙上面的卷邊。然後放上第一張，傳真機進紙，剛走到一半，紙卡住了。周祕書情急之下，拎著紙頭向外拉，一拉不要緊，扯成了裡面一半外面一半。剛開始的時候，王經理在電話裡還耐著性子讓周祕書慢慢的弄，可等了半個小時都還沒弄好，下午的會議馬上就開始了，王經理情急之下掛了電話。周祕書更是又躁又急。

傳真機卡紙問題已經是老生常談了。卡紙是傳真機很容易出現的故障，特別是使用新的紙張或使用回收紙張時都比較容易發生卡紙現象。所以，祕書人員一定要掌握傳真機的日常使用和維護技巧：

（一）傳真機的相關知識

1 所謂傳真通訊就是把記錄在紙上的文字、圖表、相片等靜止的圖像變換成電訊號，經傳輸線路傳遞到遠處，在接收方獲得與發送原稿相同紀錄圖像的通訊方式。傳真機則是用來實現傳真通訊的終端設備，是完成傳真通訊的工具。

2 傳真機的基本工作過程可以歸納為五個環節，即發送掃描、光電變換、傳真訊號的調製解調、記錄變換、接收掃描。

3 傳真機對原稿的要求有：一是紙張厚度若大於零點一五公釐或小於零點零六公釐則不能使用；二是紙上若有迴紋針等一些硬物時不能使用；三是大於技術規格規定最大幅面的原稿不能使用。

4 在傳真機的使用過程中，為延長傳真機的使用壽命，保證傳真品質，需要對傳真機進行日常維護和保養，如保持機器表面的清潔、做好紀錄頭的清潔、不要長時間不開機，以及注意供電電源的穩定。

（二）傳真機的操作

1 發送

（1）檢查機器是否處於「準備就緒」（READY）狀態。

（2）將原稿正面朝下靠右裝入傳真機引導板。

（3）選擇掃描線密度和對比度。

（4）拿起電話，撥對方號碼。如果對方不接電話並設定自動接收方式，則會聽到對方的應答信號（長鳴音），此時按下「啟動」（START）鍵，機器即開始發送；如果雙方通話，在通話結束後，由接收方先按「啟動」鍵，當聽到接收方的應答信號時，發送方按「啟動」鍵，開始發送文件。

（5）掛上電話，等待發送結束。

2 接收

（1）使傳真機處於「準備就緒」狀態。

（2）當電話鈴響後，拿起電話與對方通話。

（3）按照發送方要求，按「啟動」鍵，開始接收。

（4）掛上電話。

（5）若接收出差錯或品質不好，可與對方聯繫，要求重發。

3 影印

(1)接通電源，使傳真機處於「準備就緒」狀態。

(2)將欲影印的原稿字面朝下放在引導板上。

(3)選擇掃描線密度的品質（清晰度或對比度）。

(4)按下「影印」鈕（COPY），開始影印。

(三)傳真機常見故障與處理

1 卡紙：使用新的紙張或使用回收紙張較易產生卡紙。如果發生卡紙現象，只可扳動說明書允許動的部件，而且盡可能一次將整張紙取出，注意不要把破碎的紙片留在傳真機內。

2 傳真或影印時紙張為全白：如果是感熱式傳真機，可能紀錄紙正反面安裝錯誤，因感熱式傳真機所用的紀錄紙只有一面塗有化學藥劑，此時只需要將紀錄紙反面放置即可；如果是噴墨式傳真機，則有可能是噴頭塞住，需要清潔或更換墨水匣。

3 在傳真或影印時紙張出現黑線：如果是CCD傳真機一般為反射鏡頭有髒物；如果是CIS傳真機則是其透光玻璃上有髒物。出現這種情況，使用棉球或軟布蘸酒精擦乾淨即可。

4 傳真或影印時紙張出現白線：說明熱敏頭（TPH）斷線或黏有汙髒物。如果是斷絲，則應更換相同型號的熱敏頭；如果有髒物，可用棉球清除。

5 紙張無法正常退出：檢查進紙器是否有異物阻塞、原稿位置掃描感測器失效、進紙滾軸間隙過大等，同時應檢查發送電機是否轉動，如果不轉動則須檢查與電機有關的電路及電機本身是否損壞。

6 電話無法收發傳真：檢查電話線是否連接錯誤，應將電話線插入傳真機「LINE」插孔，電話分機插入「TEL」插孔。

7 傳真機功能鍵無效：先檢查按鍵是否被鎖定，然後檢查電源，並重新開機，讓傳真機再一次進行重定檢測，則清除閉環程式。

8 傳真機接通電源後，警報聲響個不停：通常是主電路板檢測到機器有異常情況。先檢查紙倉裡是否有紀錄紙，且紀錄紙是否放置到位；再檢查紙倉蓋、前蓋是否打開或未合到位；然後檢查感測器是否完好；最後檢查主控電路板是否有短路等異常情況。

掃描器的使用與維護

一年一度的新年汽車新品發表暨展覽大會，明天就要隆重舉行了。

某家汽車製造有限公司的鄭總經理吩咐他的祕書馬小輝明天與隨行人員一同前往，並要他到時候收集一下各公司的新品宣傳資料，作為公司的參考與評估資料。車展上，各個品牌的汽車相繼亮相，中央舞台上，配合著汽車的主題，各式各樣的節目異彩紛呈。小馬沒有被這些所吸引而忘記上司下達的任務，他穿梭在各展台之間專心致志的收集著相關的資料，又是記錄，又是拍照。

會展結束後，鄭總對馬祕書的工作很滿意，讓他把這些素材掃描成電子文檔，以便在明天的技術研討會上使用。得到了長官賞識的小馬，做起工作來更起勁了。他關閉了電腦以及與其相連接的所有設備，然後找出掃描器，將訊號線的一端連接到電腦主機背面的介面上，另一端連接到掃描器上的電腦介面。將掃描器電源插頭插到合適的電源輸出插座上，接通掃描器電源。打開電腦電源，等待電腦啟動完畢。然後先安裝驅動程式，再安裝掃描軟體。用掃描器完成圖像掃描任務後，小馬看行動硬碟剩餘記憶體太小了，便靈機一動把圖像壓縮比設置為百分之二十，然後存了進去。

一心想得到主管表揚的馬祕書說什麼也沒想到，開會時當他要調出車展新款車的圖片時，存在行動硬碟中的圖片竟然找不到了。小馬慌慌張張查找了十幾分鐘也沒找到，鄭總更是氣得憤然離席，會議被迫中止了。

會議室裡，只剩下癱坐在椅子上的小馬，他怎麼也想不明白，明明好好存在行動硬碟中的圖片，怎麼就不翼而飛了呢？

上述案例說明了祕書離不開辦公設備，熟練使用和維護辦公設備是祕書的一項基本職業技能，只有掌握常用的辦公設備，才能把工作做得更快、更好。

（一）掃描器的相關知識

1　掃描器是一種捕獲圖像並將之轉換為電腦可以顯示、編輯、儲存和輸出的數位化輸入裝置。這裡所說的圖像是指照片、文本頁面、圖畫和圖例等。

2 使用掃描器必須有配套的影像處理軟體，例如 Windows 98 中的 Imaging，Office 軟體中的 Photo Editor 和影像處理軟體 Photoshop 等。

3 掃描器在使用過程中要注意維護，保持清潔，避免將物品放在掃描器的掃描板玻璃和外蓋上，不要拆開掃描器或擅自替一些部件加潤滑劑等。

4 光學文字辨識系統就是透過掃描器對文字稿件進行掃描後，利用電腦辨識系統對稿件的圖像資訊進行辨識，並轉化成為文字資訊的電腦軟體。

（二）掃描器操作

1 圖像掃描

（1）將掃描器與電腦連接。

（2）接通掃描器電源，觀察指示燈。

（3）啟動電腦，電腦會自動檢測到掃描器硬體，並出現安裝驅動程式對話框，此時可依據提示安裝隨機附帶的掃描器驅動程式。

（4）打開掃描器的機蓋，將原稿面朝下，頂部與掃描板前端對齊，並蓋上掃描器機蓋。

（5）啟動配套的影像處理軟體（如 Photoshop），在其檔案功能表下可找到輸入的命令項，在其中即可找到掃描器相對應的命令項，選擇它即可打開掃描器的驅動程式介面。

（6）在視窗中進行解析度調整。

（7）調整比例，通常選取百分之百。

（8）選擇掃描模式（彩色、灰階、黑白線條、文字、半色調）。

（9）選擇圖像品質（快速、正常、精細、高品質）。

（10）預覽圖像，使用選取工具來確定圖像的位置與大小。

（11）按「掃描」按鈕，開始掃描。

2　文字辨識

利用光學字元辨識（OCR）技術，可透過掃描器對文字稿件進行掃描，然後在電腦上進行編輯、儲存和輸出。其操作步驟如下：

（1）將掃描器與電腦連接。

（2）接通掃描器電源，觀察指示燈。

（3）啟動電腦，電腦會自動檢測到掃描器硬體，並出現安裝驅動程式對話框，此時可依據提示安裝隨機附帶的掃描器驅動程式。

（4）打開掃描器的機蓋，將原稿面朝下，頂部與掃描板前端對齊，並蓋上掃描器機蓋。

（5）啟動文字辨識系統。

（6）按一下文字辨識系統中功能表上的「掃描」按鈕，掃描完成後，文稿會自動顯示在電腦螢幕上。

（7）按一下「影像處理」按鈕，自動或手工校正掃描後的文稿位置。

（8）用選取工具將未辨識的部分去除。

(9)按一下功能表上的「提交辨識」選項進行文字辨識。對文字進行辨識後，系統自動跳出辨識後的校對視窗。

(10)在文稿校對視窗中，可將系統辨識錯誤的字修改過來。將游標插在這些字的前面，系統上方候選字裡有許多字供你選擇，並且在它的下方有一個放大的原稿圖，可看稿選字改正。

(11)修改結束後，按一下「插入到WORD」按鈕。

(三)掃描器的保養與維護

1 掃描器應避免震動和碰撞。

2 不要將物品放在掃描器稿台和機蓋上。

3 在掃描時如果原稿不平整，可輕壓機蓋，注意用力不可過猛。

4 應保持掃描器的清潔，稿台上如果有汙垢，可用蘸少量清水的軟布擦拭。

數位相機的使用與維護

這幾天國際車展正如火如荼的進行著。某汽車製造有限公司作為國內一家新興的汽車製造公司也參加了這次的展會，並以其產品新穎奇特的構思和良好的性能在業界取得了很好的口碑。

這天，公司宣傳部的部門經理在祕書宋瑋芳的陪同下驅車前往車展中心，計畫將本公司的展出車輛和展台設計，以及其他公司展出的情況，用數位相機以圖片的形式製作一個紀錄，以作為以後公司的對外宣傳和研究開發的資料。宋瑋芳之前並沒有經常接觸數位相機之類的數位產品，也是在工作之後才對數位相機的使用有了大概的了解，但她覺得也足夠應付日常的工作了。到了車展中心後，部門經理對她交代說：「拍出的照片一定要清晰而全面啊，這對將來的使用和研究很重要，明白嗎？」宋瑋芳點點頭說：「經理您就放心吧，我準備得很充分。」說做就做，宋瑋芳拿出數位相機，按照部門經理的要求，將相機的圖片解析度調到了最高，又對相機的光圈、快門等進行了合適的設定，一切準備就緒，她就開始工作了。在拍攝工作進行到了一半的時候，數位相機就快沒有電了，還好宋瑋芳事先準備了備用的電池，在換了電池之後，她又馬上進入到忙碌的工作之中……然而回到公司後，宋瑋芳卻發現自己拍攝的照片在換電池前後有著很大的不同。換電池後的照片解析度明顯比之前要低，根本沒有達到預期的效果，可是她之前是設定好的呀，宋瑋芳困惑了。

（一）數位相機的相關知識

數位相機是數位技術與照相機原理相結合的產物。數位相機整合了影像資訊的轉換、儲存、傳輸等部件，採用數位化存取模式，可在電腦上直接處理。

數位相機的最大優點就是不會造成浪費，可以隨時觀看到剛剛拍攝的照片效果。如果拍攝效果好，可很方便的向電腦傳輸所拍攝的照片圖像；如果拍攝得不好，可以隨時刪除。

(二) 數位相機的操作

1 充電或裝入適合型號的電池。
2 打開數位相機開關。
3 設定自動或手動。
4 設定解析度或檔案格式。
5 當亮度不足時，可設定使用閃光燈，或使用機器自動調節功能。
6 取景構圖，變焦按（選取景別）「T—W變焦」按鈕。
7 按動快門拍攝，此時可聽到相機「沙沙」聲，大約兩秒時間，圖像可以儲存完畢。
8 觀察拍攝效果，將拍攝的圖像儲存到電腦或刪除。

(三) 數位相機的保養

如果保養合理，一台數位相機至少可以拍攝十萬張照片。在正常的工作環境下，相機和鏡頭並不需要過於頻繁的清洗，因為在清洗過程中很可能會損壞相機和鏡頭，但一定要定期檢查，及時保養。

1 清洗相機機身

相機外部可以用一塊柔軟的棉絨布清洗。打開記憶卡槽和電池槽的擋板，用軟刷和吹氣球清除塵埃。如果有必要，可用酒精來擦洗相機的金屬部分。

2　清洗鏡頭

只有在非常必要時才清洗鏡頭。鏡頭上的微量塵埃並不會影響圖像品質，在清洗時，用軟刷和吹氣球清除塵埃。由於指印對鏡頭的色料塗層有害，應盡快清除。不用時最好蓋上鏡頭蓋，以減少清洗的次數。

在清洗鏡頭時，先使用軟刷和吹氣球去除塵埃顆粒，然後使用鏡頭清洗布，滴一小滴清洗液在拭紙上（注意不要將清洗液直接滴在鏡頭上），並使用專用棉紙反覆擦拭鏡頭表面，然後用乾淨的棉紗布擦淨鏡頭，直至鏡頭乾爽為止。如果你沒有專用的清洗液，那你可以在鏡頭表面呵口氣，雖然效果不如清洗液，但同樣能使鏡頭乾淨。注意：務必使用棉紙，而且在擦洗時，不要用力擠壓，因為鏡頭表面有較易受損的塗層。

3　防熱

相機不能直接暴露於高溫環境下。不要將相機放在被太陽晒得炙熱的汽車裡。在室內時，不要把相機放在電暖器旁或其他高溫或潮濕的地方。

4　防寒

因為相機在低溫下可能會停止工作，所以可將相機藏於口袋，讓相機保持適宜的溫度。在將相機從寒冷區帶入溫暖區時，往往會有「倒汗」現象發生。解決「倒汗」現象的方法是用報紙或塑膠袋將相機包好，直至相機溫度升至與室內溫度接近時才使用相機。將相機從高溫放到低溫的地方，還會使相機出現一些收縮現象，雖然肉眼看不出來，但切勿使相機的溫度在驟然間變化。

5 防水、防霧和防沙

防止相機接觸到水、灰塵和沙粒，拍攝結束後，應及時放入相機包裡。在不影響拍攝的情況下，加上一個濾色鏡有利於防止霧和壓縮情況出現。

6 旅行防護

隨時用鏡頭蓋保護鏡頭，小器件和配件用軟物隔開，避免碰撞。

7 相機保存

保存相機要遠離灰塵和潮濕的地方，並在保存前取出電池。不要將相機直接對準太陽，否則在你取景時，可能會灼傷你的眼睛。

數位攝像機的使用與維護

再過幾天就是某家車床機械廠建廠三十週年的日子了。廠長決定為了回顧過去的點點滴滴，要籌辦一個三十週年慶典。這次也把歷屆的老廠長和那些已經退休的老技工請回來，請他們在慶典上講一講建廠至今一步一步的發展變化。

攝影的任務就落在了胡丹祕書的身上。小胡雖然沒有用過攝影機，但她翻看了使用操作說明書之後，覺得與普通相機的方法大同小異，便自信的承擔下了這個任務。

慶典開始了，活動現場人聲鼎沸、鑼鼓喧天。胡祕書更是看得眼花撩亂。舞台上員工們自己編排的歌舞異彩紛呈，台下觥籌交錯，每個人的臉上都洋溢著說不盡的喜悅。小胡一會兒拍拍老工人們的激動重聚，一會兒又拍拍老長官們的傾心敘舊，走到哪裡都不空手。晚上，喧鬧了一天的工廠終於安靜了下來。小胡累得癱在床上，不過，她心想：值得，總算明天可以順利交差了。

可當第二天早上興沖沖的把錄影帶重播的時候，她發現鏡頭跳躍不說，很多場景畫面東倒西歪很不連貫，而且鏡頭的畫面非常模糊，拍攝得全無章法。這下胡祕書可沒轍了，怎麼向老闆交代呢？

（一）數位攝影機的相關知識

數位攝影機是目前使用比較廣泛的一種動態影像記錄設備，一般由鏡頭、機身、錄影部分、取景器和輔助部分組成。它在拍攝時，將影像儲存在隨機攜帶的錄影帶中，而且可在攝影機上重播，進行各種剪輯、合成等。數位攝影機大多可以透過線路與電腦進行連接，將影像轉換為電子檔在電腦中進行編輯。

（二）數位攝影機的操作

1 將電池裝入電池槽。
2 打開鏡頭蓋。
3 調節電子錄影器位置。
4 打開機器電源。

5 觀察錄影器指示，調節日期時間。
6 調節錄影器目鏡校正器（清晰度）。
7 將磁帶裝入磁帶盒。
8 撥動「攝錄影轉換」開關至攝影位置。
9 按壓「動力變焦」鈕或調節變焦桿，選定畫幅景別。
10 調整白平衡。
11 啟動「錄影」鈕，開始攝影。
12 拍攝完畢，退出磁帶。
13 關閉機器電源開關。
14 蓋上鏡頭蓋。
15 將錄影器調回原位置。
16 取出電池。

（三）數位攝影機的注意事項

1 拍攝時避免鏡頭長時間直對陽光，否則可能損傷 CCD 板，造成不可恢復的損傷。
2 拍攝完畢後要取出磁帶，卸下電池，否則可能導致電池電壓過低，以至於無法使用。
3 避開磁性設備，如電視機、電腦、揚聲器和大型電動機等。
4 謹防受潮，盡量避免在雨、雪天拍攝，在海邊或沙塵較大的地方使用時，小心勿讓沙子或微小塵埃進入攝影機內。

5 迴避高溫、低溫環境，否則可能影響拍攝效果，甚至引起故障。

6 防止凝露，寒冷天氣從室外進入室內，應將攝影機罩在密封的塑膠袋中，等機器與室內溫度一致時再取出。

7 定期清洗磁頭（磁帶式DV），一般拍攝三十至五十小時後清洗磁頭一次。

8 避免電池的記憶效應，電池使用前一定要充足電。

碎紙機的使用與維護

周雅婷是廣告公司總經理的祕書。她是一個愛美的女生，她那古典氣息的五官、淡雅的修飾，再配上一身幹練的套裝，顯得整個人清秀端莊、亭亭玉立，不過最搶眼的還屬她那一頭烏黑飄逸的長髮。雅婷平時就很愛惜，也非常注意保養。因為平日裡怕在直直的頭髮上留下印跡，她很少紮起來。然而恐怕讓她沒有想到的，就是因為這頭秀髮，為她闖下了大禍。

這天，經理讓雅婷把為某公司所做的廣告企劃案，除了營運資金的部分輸入到電腦裡存檔外，其餘的都銷毀掉。雅婷便拿著要銷毀的資料，把碎紙機的電源接通，準備進行處理。正當她彎下腰想看看碎紙箱滿了沒時，沒想到垂下來的頭髮插進了碎紙機進紙口裡，儘管她當機立斷關閉了電源，可頭髮已經纏繞在碎紙機的軸上好幾圈了，怎麼也拉不出來。她的同事們聽見了雅婷的求救聲，一擁而上。這時，雅婷的頭與碎紙機已經成為一體。再看看她那被扯得變了形的臉，七扭八歪的身體，將周圍的人嚇得魂飛魄散，同事李莫瓊在撥打一一〇、一一九時，手都在顫抖。

最後還是一一九的人員用電鋸將碎紙機「大卸八塊」，雅婷才得以脫身。

醫生說，幸好電源及時關閉，只傷到了頭部的表皮，不然後果不堪設想。雅婷望著鏡中只剩下半邊的頭髮，傷心得沒了表情。可這又能怪誰呢？

碎紙機是由一組旋轉的刀刃、紙梳和驅動馬達組成的。紙張從相互咬合的刀刃中間送入，被分割成很多的細小紙片，以達到保密的目的。碎紙方式是指當紙張經過碎紙機處理後被碎紙刀切碎後的形狀。根據碎紙刀的組成方式，現有的碎紙方式有：碎狀、粒狀、段狀、沫狀、條狀、絲狀等。

（一）碎紙機的保養

1 機器內刀具精密、銳利，使用時注意，請勿將衣角、領帶、頭髮等捲入進紙口，以免造成意外損傷。

2 碎紙桶紙滿後，請及時清除，以免影響機器正常工作。

3 請勿放入碎布料、塑膠、硬金屬等。

4 為了延長機器壽命，每次碎紙量應低於機器規定的最大碎紙量為宜，未註明可碎光碟、磁片、信用卡的機器，請勿擅自放入機器。

5 清潔機器外殼，請先切斷電源，用軟布沾上清潔劑或軟性肥皂水輕擦，切勿讓溶液進入機器內部，不可使用漂白粉，汽油或稀硫酸刷洗。

6 請勿讓鋒利物碰到外殼，以免影響機器外觀。

（二）常見問題

1 碎紙機不進紙。檢查感測器是否工作正常。檢查電路板是否工作正常。檢查電機是否工作正常。

2 碎紙機卡紙了怎麼辦？有倒退功能的話先試試倒退鍵，看看是否可自行退出。實在不行就切斷電源，然後將碎紙那部分提出來倒一個頭，倒幾下，然後再開。切記要斷電操作！倘若還不行的話，可以嘗試倒過來時用螺絲刀弄掉一些碎紙。

3 不能碎紙，但撥通開關時馬達運轉的聲音異常？這是碎紙機傳動系統出了毛病，保修期內應送到指定廠商處修理。

4 碎紙機不通電。請檢查電源是否接好。請檢查是否把開關打開。檢查保險管是否被擊穿。檢查電路板是否有被擊穿。檢查垃圾筒是否被放好。

5 碎紙機有異響。請檢查刀具是否有損壞。請檢查是否有碎紙末太多，影響刀具正常工作。檢查皮帶是否有鬆動（在一些老機型中有皮帶），帶電檢查機器是否有擺動。

6 碎紙機工作時有輻射嗎？有電磁輻射。但碎紙機使用低壓電，屬於低頻輻射，因此電場強度很小，可以忽略不計。它是通電後由電機帶動刀片旋轉將紙打碎，它和我們平時用的豆漿機原理相同。普通電器利用電機發電，它的頻段一般維持在赫茲左右，最多也不會超過赫茲，這部分家用電器電磁波很難能輻射出來。但我們並不排除那些耗電量很大的電器，它們或許是採用電頻技術，其瞬間可能產生成百上千兆的電磁場，由此可能產生電磁輻射。此類家電在生活中最常見的就是空調，但現在很多空調都採用了變頻技術，因此並不是它時刻都可能產生龐大的電磁輻射，只要人不長時間靠近家電，電磁輻射並不可能對人造成直接的影響。要注意人體與辦公設備的距離，使用應保持一定的安全距離，離電器越遠，受電磁波侵害越小。

碎紙機的使用與維護

第八章　職業習慣，高效率的開展工作

具有良好的職業習慣對每一個職場人士來說都至關重要，因為它是支配人生的一種力量，甚至可以主宰你的一生，決定你的命運。祕書應在工作中有意識的培養一些良好的職業習慣，從而達到事半功倍的效果。

把敬業當成一種習慣

敬業，是祕書事業成功的來源，是一種職業素養、職業精神的表現，是一種做事做人的境界。敬業，是一種高尚的品德，對自己所從事的職業懷著一份熱愛、珍惜和敬重的心情，不惜為之付出和奉獻。

敬業，就是尊敬、尊崇自己的職業。如果一個人以一種尊敬、虔誠的心靈對待職業，甚至對職業有一種敬畏的態度，那他就已經具有了敬業精神。但是，他的敬畏心態如果沒有上升到敬畏這個冥冥之中的神聖安排，沒有上升到視自己職業為天職的高度，那麼他的敬業精神就還不澈底、還沒有掌握精髓。天職的觀念使自己的職業具有了神聖感和使命感，也使自己的生命信仰與自己的工作聯繫在了一起。「只有將自己的職業視為自己的生命信仰，那才是真正掌握了敬業的本質。」這是詹姆斯．H．羅賓斯所說的敬業所要達到的高度。可是，因為沒有幾個人可以做到敬業如敬生命一樣，因此也就沒有幾個人能夠取得真正意義上的成功。

敬業意味著追求卓越。明朝著名思想家朱熹曾說：「敬業者，專心致志以事其業也。」關於敬業，我們可以從兩個層次去理解。低層次來講，敬業是為了對主管有個交代。如果我們上升到一個高度來講，那就是把工作當成自己的事業，要具備一定的使命感和道德感。不管從哪個層次來講，「敬業」所表現出來的就是以認真負責的態度做事，一絲不苟，並且有始有終的完成自己的工作。

敬業者將工作當成自己的事，他們忠於職守、認真負責、盡職盡責、一絲不苟、善始善終，他們將會在工作中取得龐大的成就。如果他們對工作總是處在追逐名利，凡事斤斤計較之中，他們就會成為工作的附庸，在工作中也就不會取得任何成就。這就是說，只有那些忠誠敬業的人才有可能達到工作的頂點。如果一個人沒有正確的工作觀，必然在工作中不認真負責，鬆懈怠惰，最後導致自己對公司的不滿，從而阻礙了公司的發展。因為，公司是建立在合作的基礎上的，而加強這種合作的紐帶的方法就是促進企業的發展。公司有可能會出現問題，主管也會有些問題，關鍵在於你對待問題的方式。如果你發現問題後幸災樂禍，非要辱罵、詛咒和沒完沒了的貶損不可，那麼不如辭職。因為當你身處局外時，你可以盡情發洩。但是，身在其中時，不要詛咒它。當你貶損它時，你置身其中，那麼你也是在貶損自己。不僅如此，你還是在鬆懈把自己與這個機構聯繫起來的紐帶。當然，辭職不應該是輕易決定的事，因為每個主管對是否解僱某個員工都會進行慎重的考慮。如果你輕易就辭職的話，就意味著公司也可以輕易的將你辭退。

所以說，一個敬業的祕書會將敬業意識記在心中，實踐於行動中，做事積極主動，勤奮認真，這樣他就不僅能獲得更多寶貴的經驗和成就，還能從中體會到快樂。

周娜是一家公司的祕書，她的工作就是整理、撰寫、列印一些資料。周娜的工作單調而乏味，很多人都是這麼認為的。

但周娜並不覺得，她說：「檢驗工作的唯一標準就是你做得好不好，是否盡職盡責，不是別的。」

周娜整天做著這些工作，做久了，就發現公司的文件中存在著很多問題，甚至公司在經營運作方面也存在著不足。

於是，周娜除了完成每天必做的工作之外，還細心的搜集一些資料，就連過期的資料也不放過。她把這些資料整理分類，然後進行分析，寫出建議。為此，她還查詢了很多經營方面的相關書籍。

最後，她把列印好的分析結果和有關資料一併交給了老闆。老闆起初並沒有在意。一次偶然的機會，老闆讀到了周娜的這份建議，他感到非常吃驚：這個年輕的祕書，居然有這樣縝密的心思，而且她的分析有理有據，細膩入微。後來，周娜建議中的很多項目都被公司採納了。老闆很欣慰，他覺得有這樣的員工是公司的驕傲。

當然，隨後周娜也被老闆委以重任，這完全出乎她的意料，因為她覺得，一個員工盡職盡責的做好工作是天經地義的，何況她已養成了敬業的習慣。

這個世界，一直是缺少什麼才提倡什麼，物以稀為貴。敬業精神在公司裡、在我們的身上已經不多見了。你想得到好的發展，就必須敬業、敬業、再敬業。也許你要問了：我在公司裡一直很敬業啊，不遲到，不早退，努力完成自己分內的事，這還不算敬業嗎？你是在為自己辯解，為自己的現狀找藉口。

具體的說，敬業有以下幾種表現：

忠於職守。

什麼是忠於職守？世界上有三種事，第一種事是想做的事；第二種是能做的事，第三種應該做的事。對於我們來說，想做的事太多了，我甚至想做美國總統；能做的事也很多，說不定叫你當州長，你也可能做得了。但是，想做的和能做的和工作都沒有關係，最重要的事是要把該做的事做好。這就是忠於職守。

一絲不苟。

有人說，成功取決於細節。對此，我非常相信。我們學數學，就是從零開始的，我們學語言，是從字母A開始的。關注細節的人，本身就是一個有心的人。羅馬不是一天建成的。對工作一絲不苟，就是對自己一絲不苟。如果你認為你的前途一文不值，你就可以不選擇一絲不苟。如果你覺得天上有一天會掉下餡餅，你也可以選擇漫不經心。

盡職盡責。

全心全意就等於盡職盡責。如果工作沒有完成，我們要首先問自己這樣一個問題，我盡力了嗎？我盡心了嗎？如果你盡力了，盡心了，沒有人會指責你。什麼叫問心無愧，盡職盡責就是叫問心無愧。要做到盡心盡責，我們有責任做好下面這些事：努力學習，提高完善自己的能力和素養。學習不僅是自己的事，也是公司的事。能力的提高，會反映在工作的結果上，最終會在你的收入上表現出來。

自動自發。

什麼是自動自發?就是兩個字:主動。主動，就是不用別人說就會出色的完成任務。沒有成功會自動送上門來，也沒有幸福會自動降臨到一個人身上。這個世界上所有美好的東西都需要我們主動去爭取。天上絕對不會掉下餡餅。

你在羨慕別人青雲直上的時候，只是懷著嫉妒進行自我安慰和麻醉，認為那只是別人的運氣而已，藉此來平衡自己的心態。其實人家得到晉升，是他們知道「業精於勤，而荒於嬉」。他們明白，只有全力以赴、盡忠盡職才能使自己漸漸獲得晉升的機會。

你不知道職位的晉升是建立在忠實履行日常工作職責的基礎上的，不知道成材的關鍵在於是否具有敬業精神。你只是機械性的去完成工作而已，你的熱情、你的創造力已經在時間的磨刀石上被磨得差不多了。

你並沒有敬業，你不知道什麼是敬業。鋼鐵鉅子安德魯．卡內基說:「我可以告訴你通往事業成功之路的祕密。那就是勤奮、敬業、忠誠的工作。」假如你能真正的懂得這個道理的話，你也早已經不是現在這個樣子了。

不要怨天怪地，不要怨怪你的父母沒有給你機會，不要埋怨老闆沒有眼睛去辨識你這個天才。要怨就怨你自己，怨你自己沒有敬業的職業精神。不要以為自己的地位低微就沒有機會了，不要以為你已經發展得可以了，要知道前進無止境!不管你現在處於什麼位置，你要明白:只要你堅持敬業精神，你的工作之中就蘊藏著龐大的機會。

一位總統演講時說：「比其他事情更重要的是，知道如何將一件事情做好；與其他有能力做這件事的人相比，如果你能做得更好，那麼，你就永遠不會失業。」

沒有真正的敬業精神，就不會將眼前的普通工作與自己的人生意義連結起來，就不會對工作崇敬和尊重，當然就不會有神聖感和使命感產生。

敬業就像虔誠的教徒尊敬冥冥之中的神一樣——沒有絲毫的雜念和怠慢的情緒。作為職員，就需要「做一行，愛一行」，這樣，行行才能出「狀元」，敬業的人在公司裡不但能學到許多專業知識，還能贏得好人緣，因為人們都尊重和仰慕對工作認真負責的人。把敬業變成一種良好的習慣去付諸行動，這時成功和財富就會在不遠處等著你！

工作面前無小事

一位知名企業總裁在提到員工精神時說：「把每一件簡單的事做好就是不簡單，把每一件平凡的事做好就是不平凡。」

花崗岩與佛像同處一間廟宇，人們常常踩著花崗岩去拜佛像，花崗岩覺得很不公平，有一天，它對佛像說：「我們都是從同一個採石場裡出來，為什麼人們總是將我踩在腳底而去跪拜你呢？」佛像笑了笑說：「從採石場出來時，你只經過四刀就成形，而我是經過千刀萬鑿才成佛的。」

平時看似普通平凡的祕書工作，只要我們一直堅持下去，就能夠取得很大的成績，以促使我們走向成功，從而改變我們的命運。

有這麼一句話：「把簡單的招式練到極致就是絕招。」細微之處見精神。有做小事的精神，才能產生做大事的氣魄。堅持將簡單的工作重複做，而且能把簡單的工作、瑣碎的事情做到最好，就能體現出這份工作存在的意義，這份工作因此變得不平凡，做這份工作的人更是了不起。

不要小看小事，不要討厭小事，做小事情粗粗糙糙、馬馬虎虎、對付遷就、敷衍拖延的人，不可能成為偉大的人；同樣，這樣的企業，哪怕一時轟轟烈烈，終將有土崩瓦解的一天。只要有益於自己的工作和事業，無論什麼事情我們都應該全力以赴。用小事堆砌起來的工作才是真正有品質的工作，用小事堆砌起來的事業大廈才是牢不可摧的。

「瑪麗，如果馬總搭計程車方便，他還會打電話來問妳怎麼坐車嗎？你們都是有幾年工作經驗的祕書了，應該熟悉這個城市的交通情況。妳們對這個城市的交通情況的了解，就應該像熟悉自己的掌紋一樣。」

「有這個必要嗎？」瑪麗小聲嘟囔著，「像馬總這樣的客人一年能碰上幾個？」

「瑪麗，我要求你們熟悉交通情況，並不單純是為客人指路。」課長的神情本來緩和下來了，聽瑪麗這麼一嘀咕，又變得嚴肅起來。

「替公司主管安排日程是祕書一項很重要的工作！主管搭車外出辦事，妳不熟悉交通情況，不知道什麼地方容易塞車，不知道什麼時候是車流量尖峰時段，不知道哪個地方是單行道，妳怎麼計算主管在路上所花的時間？妳安排的路上的時間多了，是浪費主管的時間；妳安排的時間不夠，把主管搞得像去機場趕飛機一樣緊張，還有可能因塞車而誤事。這樣行嗎？」

「哇！」瑪麗誇張的叫了起來，「除了我家門口的幾條公車路線，我只知道還能坐哪幾號公車。像某些地方，我很少去，即使去，也是搭計程車去，誰還坐公車？」

「就是呀，我們怎麼去了解？」平時話不是很多的珍妮，這時也插話進來，「這城市有幾百條公車路線，而且現在幾乎每天都還在增加路線，原有的路線也都在變。聽說一些老路線就抽掉了。」

「課長，我如果能背下這幾百條公車路線，我早就考托福和 GRE 去了。」瑪麗說，「我要是考上托福和 GRE，還不就要跟你『拜拜』了？」

「我讓妳們熟悉市區的公車情況，並不是要妳們像準備考托福和 GRE 那樣，突擊抽考和死記硬背。祕書的知識和經驗，不能靠突擊抽考和死記硬背，只能靠妳們平時的累積。比如說，妳們坐在計程車裡就應該留心哪個路口容易塞車，什麼時候容易塞車，這樣在工作中就心裡有數了。要想成為一個優秀的專業祕書，沒有什麼訣竅，也沒有什麼捷徑，除了向別人請教外，就是自己多留心和多累積。累積多了，悟性也就高了。」

課長似乎餘興未盡，接著說：「我們做祕書的，不僅要了解本市的交通情況，對全國的交通情況也應有相當的了解。比如說，從A地到B地，搭飛機一般要花多久時間，坐火車又要多久時間，這些都要心裡有數。」

說完，課長起身要走。

「課長，照您的意思，我們是不是還要了解全世界的交通情況？」瑪麗似乎有意跟課長槓上。

「那當然。」課長一本正經的說：「比方說，從臺北到美國東岸的紐約，搭飛機一般要多久時間；妳到奧地利的維也納，如果沒有直飛航班，在哪裡轉機比較合適等等。作為祕書，在為上司安排時間日程的時候，腦子裡都要有個大概。」

工作面前無小事，處處留心皆學問。理智的主管，常會從細微之處觀察員工，評判員工。比如，站在主管的立場上，一個缺乏時間觀念的員工，不可能約束自己勤奮工作；一個自以為是，目中無人的員工，在工作中無法與別人溝通合作；一個做事有始無終的員工，他的做事效率實在令人懷疑……一旦你因這些小小的不良習慣，讓主管留下這些印象，你的發展道路就會越走越狹窄。因為你對主管而言，已不再是可用之人。

如今，社會上的人們逐漸變得浮躁起來了，總是不停的追求各種自己期望的東西，卻對追求過程中的「小」問題極少或者根本不去理會。殊不知，這正是可以帶來好結果的關鍵所在。

很多祕書對待工作的態度總是「做得差不多」就可以了，一般是對工作不感興趣，是為了「混」而工作。用類似的心態，又如何能夠關注得到「小」事情呢？這裡給出的建議是，要麼重新選擇工作，要麼在目前這個工作職位上做得非常優秀。更詳細的說有如下三點：

（一）工作上沒有小事。世事皆無「小事」，事事都是工作，只要是能產生工作結果的一部分，

無論大小，都值得我們去重視。

（二）密切關注自己的工作流程，只要覺得沒有達到最佳效果，無論是多麼「小」的細節都

應該被關注並獲得改善。

（三）差距往往從細節開始，造成不同結果的，通常是那些很容易被忽略的「小」事。任何小事，只要你敢忽略它的存在，它就會在你不注意時給你狠狠一擊。

前任美國國務卿鮑威爾就把「注重小事」當成人生信條，他曾是美國威望最高的將領和領導人。而另一位美國人，世界上唯一依靠股市成為億萬富豪的華倫·巴菲特就極其贊同「工作無小事」的觀點，他認為，無論在投資策略還是商務策略上，都必須謹記：「細節決定成敗。」

能夠在那些司空見慣的事情裡，發現值得關注和提升的小事，並能在它們未變成大問題前加以解決，這就是最了不起的本領，也是成就大事業的關鍵能力之一。

祕書不要陷入網路泥潭

高效率是一個成功祕書必備的技能，而在現代社會中，充滿了許多誘惑的因素，很可能使祕書的工作陷入泥潭與被動，電腦的引入就帶來這樣的問題。

王紅可以算得上公司的「網路高手」了，工作上的一切網路問題在她的手上都不成問題，在生活中，所有的同事也都願意向她請教一二。所以，雖然王紅只是一個祕書，但是在公司內部，很多人都把她當成技術部主任來看待。

但是好景不長，雖然王紅的電腦知識不錯，可是主管發現沒過多少時間，王紅的工作效率非

祕書不要陷入網路泥潭

常低了，而且作為祕書的她常常遲到一兩個小時，整個人的狀態也懶懶散散，讓人一看就沒有什麼好評價。

在與王紅談了幾次話以後，主管不得不辭退了這個不稱職的「網路高手」。原來，王紅一直迷戀於網路世界，剛開始工作的一段時間內，她還能控制住自己，但是隨著同事們的信任和表揚越來越多，王紅漸漸放鬆了對自己的要求，重新投入了網路的「花花世界」，一直無法自拔。

在我們這個網路時代，對於超級網蟲來說，只要把滑鼠輕輕一點，就可以不費吹灰之力收集到各種資訊。多得數不清的各種國內外資訊，瞬間在你電腦上顯現，你幾乎完全有可能在「第一時間」裡，了解這個地球上所發生的一切。

一切是如此之快，如此之多的呈現在你眼前，你幾乎可以與世界同步……當然，網路世界裡，不只有時尚，還包括了人類活動的各方面內容，上至天文地理，下至衣食住行，只要你有興趣，裡面吃喝玩樂、卡拉OK、遊戲、影片，什麼都有，特別是透過網際網路，可以與一些看不見的朋友進行思想、感情交流，而不是簡單的「人機對話」；一些網上的夥伴，成了難以割捨的網友……。

對於一個現代祕書來說，網路學習是一個互動的過程，最明顯的特點就是可以及時進行交流。在網路上，大家可以互相借鑑，互幫互助，而不受時間和空間的限制，用最有效率的方式達到學習的目的。網路學習面對的是一個無邊無際的網路，在這個自由的空間裡，我們可以最大限度的，也是最快捷的得到自己所需的資源，促進自己的學習。

當然，網路的負面影響同樣不容忽視。適當上網是有益的，但每天以大量時間上網，或上一些不健康的網站，極有可能誘發上網人群的心理疾病。

如長期上網聊天、遊戲、交友、網戀，極有可能導致上網者因思維長期處於虛擬狀態中，而影響其正常的認知、情感和心理定位，嚴重的會導致上網者在網路上和現實中產生人格分裂。現代人一旦染上網癮（西方發達國家將每天上網超過四小時稱為染上網癮），其後果更加嚴重，正如美國心理學博士所說：「網癮就如毒癮、菸癮一樣，其危害性極大，一旦染上是難以根治的。」由此可見，染上網癮不但對人的心理有極大的危害，而且對人的身體也是危害極大的。

祕書一旦迷上網路，很難想像他還能有充分的精力和注意力來應對繁瑣而又需要很高情感投入的工作。

對於祕書來說，上網一是要掌握好時間，不能流連忘返，樂不思蜀，因為你連自己的時間都管理不好，就更不能替主管安排好時間，而替主管安排日程，是祕書工作中最重要的一項工作。另外，在熱愛網路的同時，要注意豐富自己的日常生活，注意自我心理調整，逐漸學會處理好複雜的人際關係，千萬不能將與電腦交流的準則引入人際交往中，否則根本無法從事祕書工作。

科學有效的利用時間

每個人從事各種工作都要在一定時間內進行，這就有一個辦事效率的問題。作為祕書，如果能學會把時間據為己有，善於科學有效的利用自己的時間，會使工作變得更加精彩。

科學有效的利用時間

一位成功的專業祕書在談到自己的工作訣竅時說：「我每天都會提前二十分鐘出門，合理掌控自己的時間。」實際工作中，每個人都精力充沛，業務能力大體相當，但是利用時間的差異導致了工作績效的不同。一些人之所以會成功，是因為他在二十四小時中做了與他人不一樣的事情。

「時間就是金錢」，已經成為人們普遍接受的觀點，然而我們還要懂得，「管好時間勝過管好金錢」。只有把握好自己的時間，我們才能真正實踐「時間就是金錢」的座右銘，獲得相應的回報。

提到浪費時間，人們首先想到的是工作中的拖延。但事實並不僅限於此，它還表現為人們在工作中的無所作為。比如，在現代繁忙緊張的環境中，許多人不清楚自己的工作目標到底是什麼，也沒有事先設定優先順序和制定詳細的工作計畫，這都是浪費時間的表現。要知道，隨著時間的流逝，我們已經失去了採取行動的良好時機，而機會的喪失是一種策略失誤，是更大的損失。

「兵貴神速」，商業世界裡瞬息之間會實現巨額財富的轉移。當我們的工作處於高效運作的時候，時間觀念就成為檢驗一個人能否擔當重任的試金石。珍惜時間，善於有效利用自己的時間，才能有所作為；否則任何豪言壯語都是無稽之談，是水中月、鏡中花。因此，養成科學有效利用時間的習慣，是現代祕書在工作上取得進展的根本保證。

做一個職業人士，不僅要善於抓住點點滴滴的時間進行工作的時候，還應該懂得把時間進行合理的規劃。我們可以從以下幾個方面駕馭時間，提高工作效率：

（一）善於集中時間

千萬不要平均分配時間，應該把你有限的時間集中到處理最重要的事情上，不可以每一樣工作都去做，要機智而勇敢的拒絕不必要的事和次要的事。

一件事情發生了，開始就要問：「這件事情值不值得去做？」千萬不能碰到什麼事都做，更不可以因為反正我沒閒著，沒有偷懶，就心安理得。

（二）要善於把握時間

每一個機會都是引起事情轉折的關鍵時刻，有效的抓住時機可以牽一髮而動全身，用最小的代價取得最大的成功，促使事物的轉變，推動事情向前發展。

如果沒有抓住時機，常常會使已經快到手的結果付諸東流，導致「一招不慎，全盤皆輸」的嚴重後果。因此，取得成功的人必須要審時度勢，捕捉時機，把握「關節」，做到恰到「火候」，贏得機會。

（三）要善於協調兩種時間

對於一個取得成功的人來說，存在著兩種時間：一種是可以由自己控制的時間，我們叫做「自由時間」；另外一種是屬於對他人他事的反應時間，不由自己支配，叫做「應對時間」。

這兩種時間都是客觀存在的，都是必要的。沒有「自由時間」，完完全全處於被動、應付狀態，不會自己支配時間，就不是一名成功的時間管理者。

可是，要想絕對控制自己的時間在客觀上也是不可能的。想把「應對時間」變為「自由時間」，實際上也就侵犯了別人的時間，這是因為每一個人的完全自由必然會造成他人的不自由。

(四) 要善於利用零散時間

時間不可能集中，常常出現許多零碎的時間。要珍惜並且充分利用大大小小的零散時間，把零散時間用來去做零碎的工作，從而最大限度的提高工作效率。

(五) 善於運用會議時間

召開會議是為了溝通訊息、討論問題、安排工作、協調意見、做出決定。很好的運用會議的時間，就會提高工作效率，節約大家的時間；運用得不好，則會降低工作效率，浪費大家的時間。

時間對每一個人都是均等的，成功與否，關鍵就在於你怎麼利用每天的二十四小時。會用的，時間就會為你服務；不會用的，你就為時間服務。

今日事，今日畢

作為祕書，在工作中，你是否有這樣的習慣呢：今天的工作拖到明天完成，現在該打的電話等到一兩個小時以後才打，這個月該完成的報表拖到下個月，這個季度該達到的進度要等到下一個季度……凡事都留待明天處理，都在拖延。

令人遺憾的是，我們每個人在工作中都拖延過。拖延的表現形式多種多樣，輕重也有所不同。

比如：瑣事纏身，無法將精力集中到工作上，只有被上司逼著才向前走；不願意自己主動開拓，反覆修改計畫，有著極端的完美主義傾向，該實施的行動被無休止的「完善」所拖延；雖然下定決心立即行動，但就是找不到行動的方向；做事情總是拖拖拉拉，有著一種病態的悠閒，以致問題久拖不決；情緒低落，對任何工作都沒有興趣，也沒有什麼人生的憧憬。

喜歡拖延的人往往意志薄弱，他們不敢面對現實，習慣於逃避困難，懼怕艱苦，缺乏約束自我的毅力；或者目標和想法太多，導致無從下手，缺乏應有的計畫性和條理性；或者沒有目標，甚至不知道應該確定什麼樣的目標；另外，認為條件不成熟，無法開始行動也是導致拖延的原因之一。

對每一個渴望擁有較強執行力的人來說，拖延是最致命的，是一種危險的惡習。一旦遇事開始推拖，就很容易再次拖延，直到變成一種根深蒂固的習慣，以至於很多工作根本沒法展開。

我們常常因為拖延時間而心生悔意，然而下一次又會慣性的拖延下去。三番兩次之後，我們會視這種惡習為平常之事，以致漠視了它對工作的危害。

傳說五台山上有一種鳥，長著四隻腳和一對翅膀，人們叫牠「寒號鳥」。春天，百花盛開，寒號鳥身上長滿了羽毛。寒號鳥懶得動，也不去找食物，餓了吃樹葉，渴了喝露水。春、夏、秋就這麼過去了！

冬天來了，天氣冷極了，小鳥們都回到自己溫暖的巢裡。這時的寒號鳥，身上漂亮的羽毛都脫落了。夜間，牠躲在石縫裡，凍得渾身直哆嗦，牠不停的叫著：「好冷啊，好冷啊，等到天亮了就造個窩啊！」

等到天亮後，太陽出來了，溫暖的陽光一照，寒號鳥又忘記了夜晚的寒冷，於是牠又不停的唱著：「得過且過！得過且過！太陽下面暖和！太陽下面暖和！」

寒號鳥就這樣一天天的混著，過一天是一天，一直沒能給自己造個更好的窩。最後，牠沒能混過寒冷的冬天，凍死在岩石縫裡了。

現實生活中，有些人只顧眼前，得過且過。他們行動拖拖拉拉，做事情喜歡推諉，總是拖一天算一天，跟寒號鳥沒有多大區別。他們把一切行動拖延到明天、後天……這樣一直拖下去，結果最後可以想見。

拖延的壞習慣是高效執行的最大敵人，關鍵時刻的拖延甚至會帶來致命的後果，歷史多次以血的教訓證明了這一事實。

大家都知道，拖延並不能使問題消失，也不能使解決問題變得容易，而只會使問題惡化，對工作造成更嚴重的危害。我們沒解決的問題，會由小變大、由簡單變複雜，像滾雪球那樣越滾越大，解決起來也就越來越難。而且，沒有任何人會為我們承擔拖延的損失，所以，我們應該立即行動起來，不要被拖延縛住手腳。

生活就像一盤棋賽，坐在你旁邊的就是「時間」。只要你猶豫不決，你將被淘汰出局。像圍棋比賽中一樣，每一步都有時間限制的，超時了，你就自動出局吧！職場就是戰場，你不衝就是死路一條。

當拿破崙決定把他的軍隊移向某一個目標之後，他絕不允許任何事情來改變他的這項決定。如果他的行進路線碰到了一道鴻溝——這是敵軍所挖掘的，目的是要阻止他的前進他仍會下令他的部隊向前衝鋒，直到溝中堆滿了死人和死馬，而讓他的軍隊能夠從死人堆上走過去為止。

拿破崙知道一旦在這個時候拖拉，就會死更多的人，就會輸掉這場戰爭。「絕不拖延」在他的心中是作戰的行動標準，這使他戰勝了一個又一個的敵人。同樣的，「絕不拖延」是沃爾瑪商場、通用汽車、德國電信、蘇黎世金融服務、英特爾等知名大公司嚴格執行的員工行為準則。西元二〇〇三年度美國哪家公司最賺錢？不是零售業巨擘沃爾瑪，也不是在IT行業裡的某個大型企業，而是傳統企業埃克森—美孚石油公司。西元二〇〇三年，公司利潤為兩百一十五億美元，比西元二〇〇二年成長百分之九十一，股東回報達到一百一十五億美元。在西元二〇〇四年四月五日《商業周刊》評出的五十家標準普爾表現最佳公司中，埃克森—美孚排名第二十三位，並在《財富》評出的全球五百大當中排名第二。

埃克森—美孚石油公司躍升為全球利潤最高的公司，是因為它擁有一支絕不拖延的員工團隊。這家公司的實踐告訴我們：員工克服拖延的毛病，培養一種簡便高效的工作風格，可以使公司的績效迅速提升，使每一位員工的工作乃至生命都更加富有價值。

可是我們每個人都或多或少的存在著一種不良習慣——拖延。對任何一個祕書人員來講，拖延都是最具破壞性、最具危險性的惡習，因為它使你喪失了主動的進取心。而更為可怕的是，拖延的惡習具有累積性，那麼，我們如何擺脫這一惡習的呢？

下面是幾種克服拖延的實用小技巧，希望能夠對你有幫助。

（一）分類找原因。

是什麼原因使我們無法做某項工作？優柔寡斷？害羞？無聊？無知？散漫？恐懼？疲倦？無法忍受不愉快？缺乏必備的工具？一字一句具體指出拖延某事的原因，區分類別。如果正確的認清問題，則解決方法就會變得相當明確。如資訊不足，則可以開始尋找必需的資料。

（二）大臘腸切片。

工作似乎相當艱巨，則稍稍暫緩，拿出紙來做思考。記下完成工作的所需步驟，步驟的幅度越小越好，即使它們只需要花費一兩分鐘，也須分別記下。

這個艱巨的工作就像一條未被切割的大臘腸，龐大、皮厚、油膩，難以入口，但如果切為薄片，則相當引人垂涎。將艱巨的工作分開對待，即分成每個小小的即時工作單，就像可以馬上享用的臘腸片，而非整條臘腸。

（三）引導式工作。

假設想拖延寫信，不要試著去強迫自己，只要採取一小步驟，當作完此步驟，便可以決定是否要繼續下去。這步驟可能是看看信件的地址，或將紙轉入打字機，或取下紙來，或寫下想提出的要點。任何事皆可，只要是明顯的身體行為。這是打破內心困頓的方式，其理論基於：事物靜止時依舊是靜止著，運動時依舊是運動著。

（四）五分鐘計畫。

有些工作難以分割小塊，如想清理積壓如山的公文，大約需要一小時，實在很難將它簡單分割成「即時工作」。這時，可以試試五分鐘計畫，和自己做個約定，允許以五分鐘做這個工作，時間一到，便可自由去做想做的事，或是繼續五分鐘。不管工作多麼令人厭煩，仍須常常去做五分鐘。五分鐘後，若不想接著繼續做，則不要做，約定就是約定。在將工作撇開之前，記下另一個五分鐘的時間。

此外，寫日記，和自己對話，讓信得過的親朋好友在固定時間督促檢查你的工作，這些方法可以克服拖延。

視誠信如生命

社會關係、商業活動最基本的原則是誠實守信，我們不能因一己的私利而違背誠信的原則。醫生在不能確診病人病情的情況下，不要不懂裝懂；律師不要為了代理費而說服客戶進行不可能勝訴的訴訟；商人必須誠實正直、童叟無欺；記者不要為追求單純的經濟利益而寫一些下流無聊的花邊新聞。如果簡單的把敬業理解為簡單的完成任務或創造收益，而不管其手段與過程是否合乎基本的道德標準，那麼，作為公司，會因失去公信最終使自己陷入困境，作為員工，則很容易淪為賺錢的機器，完全喪失做人的準則，更別提什麼敬業精神了。

視誠信如生命

西元二〇〇四年夏天，剛從大學畢業的劉國被一家裝飾公司錄用成為祕書。年底的一次經歷讓他懂得了誠信對於一個人來說是多麼的重要，誠信的力量真的是很偉大！

每年的十二月份是裝飾公司的誠信月。這家公司以「誠信裝潢，服務萬戶」為口號，全面展開誠信活動，為此，公司上級在會議上一再強調，要樹立良好的企業形象就必須以誠信為本。公司全體員工應該從自身做起，養成良好的誠信意識與習慣，以「誠信」來服務於每一位客戶。

這一天是西元二〇〇四年十二月十五日，在十一月份與小劉簽完裝潢合約的一位先生打來電話說櫥櫃有點問題，須盡快解決，否則會延誤工期。但櫥櫃設計師的手機自從替客戶測量完櫥櫃後就一直聯絡不上了。聽得出來，客戶在盡力控制怒氣。小劉放下電話立刻打電話給櫥櫃工廠。廠長不在，另外一個負責人接聽了電話，對方一個勁的說好好好。小劉滿以為可以放心了。沒想到過了兩小時，小劉再打電話給客戶，櫥櫃工廠竟然根本就沒和客戶聯絡。

無奈之下，小劉又打電話給櫥櫃工廠：「為什麼不打電話給客戶？答應的事為什麼不落實？怎麼不講誠信呢？」

「很忙，沒來得及。」對方回答。

「可是也得分清主次緩急呀！」小劉差點喊起來了。

「這事我不知道。」對方不急不徐的說著。

「請叫廠長接聽電話。」

「不在。廠長很忙。」

為了不讓客戶失望，不讓客戶對裝飾公司失去信心，不得已，一向對工作認真負責的小劉又打了電話給總公司廖總。廖總的電話通了，聽完後，只說了一句：「我叫廠長打電話給你。」幾分鐘後，廠長打來電話，問清楚客戶的情況，說馬上去解決。

一個多小時後，客戶打來電話給小劉，這次的語調明顯不同，言語間充滿感激之情，說：「廠長來了。問題立刻幫忙解決了。對你這種講誠信的員工，我表示非常感謝！這才是我心目中的好公司。」

西元二〇〇五年一月底，在年度表揚大會上，總公司廖總在他的發言中特別提到了這件事，並對劉國的「誠信、敬業」精神予以三千元的獎勵，號召公司全體職工，特別是新來的大學生都應該向劉國學習。透過這個例子，我們可以看到，如果我們每個人都能像劉國那樣真誠的對待工作，那麼，大對公司、小對個人的損失和懲罰將會大大降低。

誠信是一項自然法則，違背它的人會得到報應，受到應有的懲罰，就像萬有引力定律不可違背一樣，誠信的定律也是不可違背的。違背的結果就是受到懲罰，不可逃脫的懲罰。他們或許可以暫時的逃避，最終卻無法逃避公理。

對長官和員工來說，誠信對雙方都是有利的。如果長官不能誠實守信對待員工，那麼長官就很難獲利；反之，如果員工不能誠實守信對待長官，那麼員工也難以獲得自己的利益。

人無信不立。良好的信譽會為你的生活和事業帶來意想不到的好處。

以誠相待是人際交往中最重要的籌碼。只要以誠待人，就會得到他人的信任，獲得良好的讚譽，贏得和諧的人際關係。

人們都喜歡和誠實守信的人互動與共事。因為「誠信」是不用設防的。誠信的人會逐漸形成寬闊的胸懷，營造著友愛和歡樂的環境；心靈純潔的人會自覺養成廉潔自律的良好習慣，營造著祥和安寧的氛圍。

伊莉莎白是一家大型公司的主管，在招聘員工和晉升方面，特別注重金錢方面的問題。一旦對方有金錢上的不良紀錄，即使應徵者工作經驗豐富、條件優越，工作能力強，也不予任用和提拔。

她說這樣做的原因有四：「第一，一個人除了有家庭責任感以外，對主管守信是最重要的；第二，在金錢上不守信的人，對任何事都不會守信用；第三，一個不具備誠信的人，在工作職位上也會怠忽職守；第四，一個頻繁出現財務困難的人容易導致偷竊和挪用公款。」

誠信是衡量人品行的試金石。誠實守信不僅反映出一個人的品行，而且能讓人建立起對家庭、對社會的強烈責任感。

祕書要注重細節

老子曾說：「天下難事，必做於易；天下大事，必做於細。」很多事情看起來龐大複雜、無法解決，但只要我們稍加留心、勤於思考，我們就會發現，問題就出在細節上面。一個重視細節的祕書必定是個高度負責、留心生活的人，也是個精益求精、追求卓越的人。一個重視細節的祕書必定能夠在工作中交出令人滿意的答案卷，為主管所賞識。

有三個人去一家公司應徵祕書主管，他們當中一人是某知名管理學院畢業的，一名畢業於某商業學院，而第三名則是一家私立大學的畢業生。在很多人看來，這場徵才的結果是很容易判斷的，然而事情出乎人們的意料，經過一番測試後，最終留下的卻是那個私立大學的畢業生。

在整個徵才過程中，他們經過一番測試後，在專業知識與經驗上各有千秋，難分伯仲。隨後，徵才公司總經理親自面試，他提出了這樣一個問題，題目為：假定公司派你到某工廠採購四千九百九十九個信封，你需要從公司帶去多少錢？

幾分鐘後，應試者都交了答卷。第一名應徵者的答案是四百三十元。

總經理問：「你是怎麼計算的呢？」

「就當採購五千個信封計算，可能是要四百元，其他雜費就三十元吧！」應徵者對答如流，但總經理未置可否。

第二名應徵者的答案是四百一十五元。

對此他解釋道：「假設採購五千個信封，大概需要四百元左右，另外可能須用十五元其他費用。」

總經理對此答案同樣沒表態。他拿起第三個人的答卷，見上面寫的答案是四百一十九點四十二元時，不覺有些驚異，立即問：「你能解釋一下你的答案嗎？」

「當然可以，」該同學自信的回答道，「信封每個八分錢，四千九百九十九個是三百九十九點九十二元。從公司到某工廠，搭車來回票價十一元；午餐費五元；從工廠到汽車站有一哩半的路，請一輛三輪車搬信封，須用三點五元。因此，最後總費用為四百一十九點四十二元。」

總經理會心一笑，收起他們的試卷，說：「好吧，今天到此為止，明天你們等通知。」結果，重視細節的第三個人勝出了。

這道題目顯然是特地用來考察求職者對細節的重視程度的。在這裡，一個不經意的細節就決定了面試的成敗。把每一個細節都考慮到的員工，才是公司需要的人。

只要你留心觀察，就會發現我們身邊有許多這樣的人：他們不見得有很高的學歷、聰明的頭腦和夠強硬的後台，但他們謙虛、低調，留意生活的每一個細節，善於觀察與思考，從別人的點點滴滴中學到有益的東西。就是這些看似不起眼的細微之處決定了他們與其他人的距離。

在美國一個大商業機關裡，某一次新總經理剛剛到任，便說有一次人事上的變動，叫各個部門的祕書去見他。

接見開始後，很長一段時間內，沒有一個分部的祕書能和新總經理談得投機。本來是滿腔熱情的進去，出來的時候卻誰都碰了一鼻子灰。

原來，沒有一個人能使新總經理看得上眼。接下來輪到傑克去見了，他是宣傳部的一位祕書，當他進去時，外面的人認為他將遭受同樣的命運。誰知過了半個鐘頭之後，他卻掛著微笑、興沖沖的從經理室出來。這自然引起了大家的注意，便有人向傑克問道：「你見面的結果如何？可以告訴我們嗎？」他欣然點頭說：「印象很不錯。新總經理說明天請我共進午餐。」

「什麼？」一片驚奇的聲音從每一個人的嘴裡吐出來。

大家弄不清楚是怎麼回事，堅決要求解釋緣由，傑克就將此事的始末一一講了出來。「要告訴你們實情嗎？事情是這樣的。當我推開總經理先生的門時，見房間的陳設跟先前完全不一樣。現在房中的擺設井然有序，我立即猜透了新總經理是一個喜愛清潔的人，他的個性和脾氣我由此摸著了幾分。便和他打了個招呼，小心翼翼的在旁邊的椅子上坐了下來。就在此時，我發現了地上掉了一枚迴紋針，於是我把迴紋針拾起來放到他的辦公桌上，然後開始了我的第一句話：『經理先生，您有什麼吩咐嗎？』他那時對我很注意，看見我的細心便有所好感，於是對我很誠懇的笑了笑，立即講到正經的事情上去。原來他是一個不喜歡看見針掉在地上卻不把它拾起來的人。然後他和我談了過去六個月中的費用問題。我在談話中發現他喜歡了解詳細數字和項目細節，我就盡我最大的努力滿足他。」

傑克就是靠著自己注重細節，獲得了新長官的喜愛。所以，你和別人接觸的時候，一定要注重各種細節；否則，你可能就會引起某些人對你的反感。

一個積極進取的祕書必定是個注重細節的人，或在工作中精益求精，或從同事身上學習一切可學習的品質。他深刻的理解「細節決定成敗」這一道理，知道任何一個細微之處都是不可小覷的，都可能關係到產品與服務是優是劣，關係企業的聲譽是好是壞。也只有注重細節的人，才能從小處不斷累積，逐漸提升自我，最終取得事業上的成功。

虛心向身邊的人學習

有研究顯示，一般人的智商差別並不是很大，也不會因此為各自的生活道路造成多大的影響。而真正產生決定作用的是，後天的努力。這些努力，其中就包括從他人那裡得到的經驗。

落後就要被淘汰。對於祕書來說，落後就有保不住職位的可能，所以大家都會意識到學習的重要性，忙著去充電，去拿必要或不必要的證書，而忽略了另外一種學習，從身邊每個人身上學到有用的東西，從而提升自己。

祕書小王是個剛畢業不久的大學生，社會經驗少，業務不熟練，但所幸她是個謙虛好學的女孩，儘管目前工作還不熟練，工作效率也不是很高，但她並不氣餒，一直注意向身邊每一個人學習。一次她從餐廳出來後搭了一輛計程車說去機場，其實她去的是機場附近的一個社區。因為是個新興的社區，一般人不知道。可是那個司機卻說：「妳是不是要去某某社區啊？」

小王當時就吃驚的瞪圓了眼睛，連問司機怎麼知道。那個司機像個神探，向她推理說：「我剛才看到妳跟朋友道別，只是象徵性的揮了揮手，看來妳不是要出遠門。一般人要是出差，都會有個行李箱，而妳也沒有，妳的手裡只拿著一本雜誌，神情很悠閒，也不像是去接人。這麼一分析，妳去機場的可能性就不大，而那附近就那麼一個社區，所以妳只能是去那裡了。」

小王非常佩服這個司機的專業程度，能夠分析這麼透徹，他一定是個很投入工作的司機。果然，在接下來的聊天中，司機說自己因為愛動腦子，收入比同行們都要高。

從這個計程車司機那裡，小王學到了要對自己的工作投入和主動，才可能掌握好它所需要的技能和知識。

但也有一些年輕人，總覺得向別人學習會降低身分。他們的問題是，將自己看得過高，自認樣樣都最好，而別人則個個不如自己，這樣的人，怎麼能夠取得進步呢？尤其是剛剛踏入社會的職場新人，這個毛病將是致命的。

在向別人學習的過程中，不但要學習別人的經驗，還要學習他失敗的教訓。借鑑吸取別人的教訓，以銅為鏡，謹言慎行，就會少走許多彎路。

職業人士只有在勤學好問中，才能不斷的提升自己的能力，孔子曰：「敏而好學，不恥下問」，職業人士要在職場中進退自如，發展自己，獲得尊重和地位升遷，就須多練多問，對工作勤奮認真，忠誠敬業，這樣你不但能獲得高薪，同時還能得到老闆的信任、同事的擁護。

尤其是剛開始工作的你，初涉職場，對周圍的環境和專業技巧都比較陌生，公司有許多經驗比你足、技能比你強的老員工。你要聆聽他們的教誨，多問一些工作中遇到的難題，或多參考一下他們的做事方式。切勿我行我素、剛愎自用、大行個人主義，最重要的是你要尊重你的老闆，主動接近老闆，在適當的時候，跟老闆做正面的溝通，多領會老闆的工作原則與做事風格，尊重老闆的決策，即使你有新的創意，也不應直接否定老闆的意圖，你可以對老闆提出婉轉的建議，而不能是為了顯示你的才能自命不凡。

無論你的學歷多高，初涉職場千萬別驕傲自滿，因為學歷只是你的理論教育的一種證明，而

虛心向身邊的人學習

在生活、工作中你還得多累積經驗，否則你會陷入孤立的狀態，停滯不前。

馮志方是一家集團有限公司企劃部的一名老祕書，他可算得上是公司成長的見證人了，親眼目睹了公司從無到有、從小到大、從弱到強這一路走來的風風雨雨，可以說是集團中「元老級」人物了，因此在公司裡他格外受人尊敬。而馮志方雖然有著別人無法比擬的對公司的了解和豐富的工作經驗，但他也知道自己其實欠缺許多關於自動化辦公設備的一些知識，所以他不但不擺「老鳥」的架子，反而總是會非常誠懇的向年輕人虛心請教許多自己遇到的難題。

最近，馮志方發現自己辦公桌上的印表機在執行列印任務的時候，總是會出現無回應的情況，而且這時他還無法刪除列印佇列中的文件。每當出現這種狀況，他在無奈之下都會選擇將電腦重新開機。雖然這樣也確實能夠解決問題，但馮志方心裡卻總覺得這樣做對電腦的損害太大，而且也很影響辦公的效率，更重要的是有時一些還沒來得及保存的文件檔案也因為重開電腦而不復存在了，這有時候會很誤事。一次，印表機又出現了這種情況，馮志方不想再靠老方法來解決問題了，正巧這時同辦公室的年輕祕書小王也在。小王可算是這方面的專家了，於是，馮志方便虛心的向小王請教這個問題。小王觀察了印表機的症狀說：「其實印表機出現這種情況還是相當常見的，直接將電腦重新開機確實是可行的解決辦法，但最好這樣來解決……」只見小王打開了電腦的「控制台」，按了兩下「管理工具」，然後又按兩下「服務」，在跳出的視窗右邊的服務清單中把「Print spooler」服務停止了。「這時再重開一下電腦就可以了。」小王一邊說一邊熟練的操作著。果然，印表機很快就恢復了正常，馮志方拍拍小王的肩膀說：「年輕人還真是有一套啊，看來在這方面我以後還得多向你請教呢。」

不管你有多高的學歷，那都只能代表過去。面對新的工作、新的環境，尊重經驗是很重要的，這樣就不至於栽跟頭、走彎路了。「三人行必有我師焉」，這是前輩留下的智慧結晶，在現實生活中，有許多東西是從書本上學不到的。社會是一所大學，職場是培訓工作能力的場所，學習一些經驗，可以讓你踩著別人的腳印往前走，避免落水和跌倒。我們要學會從所有的人身上去學習他們的優點，不斷創新，發揮個性特長，這樣做了，你將是一個非常優秀的祕書。

要事第一，分清主次

工作中，並非所有的拖延者都是不負責任、懶散懈怠的人；相反的，在拖延者中，有相當一部分的年輕人工作勤勞認真。他們之所以拖延，是因為他們分不清工作的輕重緩急，弄不清自己該先去做些什麼，時而做做這個，時而做做那個，結果是什麼都沒做成。

對於這樣的年輕人來說，在所有他要做的工作裡，他很難說出一個「不」字，因為他分辨不清楚一件事情是重要還是不重要。不管碰到任何事情，他都會付出相似的時間和精力。而結果是，他總是有著太多的事情需要做；但卻沒有辦法完成，所以他只好不斷的拖延。

的確，工作需要章法，不能眉毛鬍子一把抓，要分輕重緩急！這樣才能一步一步的把工作做到位，避免拖延。

要事第一，分清主次

工作的一個基本原則是：把最重要的事情放在第一位。許多人通常不知道把工作按重要性排隊。他們以為每項任務都一樣重要，只要時間被工作填得滿滿的，他們就會很高興。然而懂得安排工作的人卻不是這樣的，他們通常會按重要性順序去執行工作，將要事擺在第一位。

要事第一，就是先做最重要的事情。這也是做事的一個基本原則。一個優秀的年輕人非常明白輕重緩急的道理的，他們在處理一年或一個月、一天的事情之前，總是按分清主次的辦法來安排自己的工作。因此，開始做事之前，他們總要好好的安排工作的順序，謹慎的做好這件事。

劉麗是某私人企業經理祕書，幾年前剛進公司時，劉麗還脫不了「學生氣」，做事總分不清主次，每次經理安排工作時，她都認真記錄，可是到了具體執行時便因種種原因「走樣」：不是丟三落四，就是缺東少西。

有一次經理出差，臨走前讓劉麗草擬一份重要的發言報告，以備他一週後回來開會用。劉麗認為時間很充裕，可以慢慢準備。其後幾天，劉麗只管忙著處理其他日常事務。轉眼到了第六天，劉麗突然想到，經理第二天就要回來了，可是報告還沒開始動筆，不巧的是，劉麗這天的事情又特別多，上午要替經理參加朋友的開業慶典，下午又要接待已提前預約的客戶。

等一切處理妥當，已臨近下班，劉麗只好準備回家連夜趕寫報告。當劉麗坐到電腦前開始寫報告時，卻突然發現，有些背景資料忘記帶回家了，這可怎麼辦？第二天，劉麗只好一早就衝到辦公室狂趕報告，總算在經理上班前勉強把報告寫完了。

開完會後，經理把劉麗叫到辦公室，開門見山的質問她這一個星期的工作狀況，然後嚴肅的說：「妳有一個星期的時間，為什麼交出這麼沒程度的報告，甚至還有一大堆錯字？」劉麗這才意識到事情的嚴重性，便老老實實的講述了報告的完成過程，等著被「炒魷魚」。不料，經理長嘆一聲說：「你們這些剛畢業的年輕人，有熱情但不夠成熟，做事情完全分不清主次先後。」隨後，經理一筆一畫在白紙上寫下十個字：「要事第一，要務優於急務」，他語重心長的告訴劉麗：「祕書的工作很瑣碎，但是一定要分清主次，才能把工作做好。」

經理的一席話，讓劉麗茅塞頓開。從那以後，她抱著「要事第一」的原則，做事前先安排好順序，忙而不亂，最後受到了經理的表揚。

要事第一的觀念如此重要，但卻常常被我們遺忘。我們必須讓這種重要的觀念成為一種工作習慣，每當一項新工作開始時，都必須首先讓自己明白什麼是最重要的事，什麼是我們應該花最大精力重點去做的事。

然而，分清楚什麼是最重要並不是一件容易的事，工作中，我們常犯的一個錯誤就是將緊急的事情視為重要的事情。

其實，緊急只是意味著必須立即處理，比如電話鈴響了，儘管你正忙得焦頭爛額，也不得不放下手邊的工作去接聽，它們通常會對我們造成壓力，逼迫我們馬上採取行動，但它們卻不一定很重要。

那麼，什麼才是重要的事情呢？通常來說，重要的事情應是那些與實現公司和個人目標有密切關聯的事情。

根據緊迫性和重要性，年輕人可以將每天面對的事情分為四類：重要而且緊迫的事；重要但不緊迫的事；緊迫但不重要的事；不緊迫也不重要的事。

作為祕書，在工作中，只有積極合理高效的解決了重要而且緊迫的事情，才有可能順利的完成其他工作；而重要但不緊迫的事情則要求我們應具有更多的主動性、積極性、自覺性，早做準備，防患於未然。剩下的兩類事或許有一點價值，但對完成工作沒有太大的影響。

電子書購買　爽讀 APP

國家圖書館出版品預行編目資料

祕書力，不當職場花瓶：優秀祕書的八堂課，千頭萬緒的代辦事項，都由我們一肩扛！ / 蔡賢隆著 . -- 第一版 . -- 臺北市：財經錢線文化事業有限公司 , 2023.09
面；　公分
POD 版
ISBN 978-957-680-678-0(平裝)
1.CST: 祕書 2.CST: 職場成功法
493.9　　112013615

祕書力，不當職場花瓶：優秀祕書的八堂課，千頭萬緒的代辦事項，都由我們一肩扛！

臉書

作　　者：蔡賢隆
發 行 人：黃振庭
出 版 者：財經錢線文化事業有限公司
發 行 者：財經錢線文化事業有限公司
E-mail：sonbookservice@gmail.com
粉 絲 頁：https://www.facebook.com/sonbookss/
網　　址：https://sonbook.net/
地　　址：台北市中正區重慶南路一段六十一號八樓 815 室
Rm. 815, 8F., No.61, Sec. 1, Chongqing S. Rd., Zhongzheng Dist., Taipei City 100, Taiwan
電　　話：(02)2370-3310　　**傳　　真**：(02) 2388-1990
印　　刷：京峯數位服務有限公司
律師顧問：廣華律師事務所 張珮琦律師

定　　價：399 元
發行日期：2023 年 09 月第一版
◎本書以 POD 印製